FORSCHUNGSBERICHTE
DES WIRTSCHAFTS- UND VERKEHRSMINISTERIUMS
NORDRHEIN-WESTFALEN

Herausgegeben von Ministerialdirektor Prof. Leo Brandt

Nr. 56

Forschungsgesellschaft Blechverarbeitung, Düsseldorf

Untersuchungen über einige Probleme der Behandlung von Blechoberflächen

Als Manuskript gedruckt

WESTDEUTSCHER VERLAG / KÖLN UND OPLADEN

1953

ISBN 978-3-663-03313-4 ISBN 978-3-663-04502-1 (eBook)
DOI 10.1007/978-3-663-04502-1

Forschungsberichte des Wirtschafts- und Verkehrsministeriums Nordrhein-Westfalen

Gliederung

Die Passivierung von Weißblech . . . . S. 5

Die Verzinnungsfähigkeit von Feinblechen . . . S. 14

Rollnahtschweißung von phosphatiertem Blech . S. 19

Harteisenniederschläge . . . . S. 23

Die Diffusionsvorgänge bei verchromtem Stahl . S. 33

Forschungsberichte des Wirtschafts- und Verkehrsministeriums Nordrhein-Westfalen

Die Passivierung von Weißblech

Die Passivierung stellt ein Teilgebiet des chemischen Rostschutzes dar, zu dem u. a. die Phosphatier- und Brünierverfahren sowie die Farb- und Lackanstriche zählen. Sie besteht in einer chemischen Behandlung der Blechoberfläche zum Schutz gegen korrodierende Angriffe und trägt dazu bei, die Lebensdauer der so behandelten Teile zu erhöhen. Ihre schützende Wirkung ist besonders da angebracht, wo die Haltbarkeit bimetallischer Verbindungen, die z. B. bei der gemeinsamen Verarbeitung von Eisen- und Messingblechen oder Eisen- und Aluminiumblechen vorliegen, an Stellen, an denen die Gefahr der Zerstörung durch Elementbildung besonders groß ist, verlängert werden soll. Bei Blechen, die schon eine Veredelung mit einem korrosionsfesten Metall wie Nickel, Kupfer, Zinn usw. erhalten haben, wird durch geeignete Passivierung das Anlaufen verhindert und der Angriff agressiver Mittel, vorwiegend durch Sulfide oder organische Säuren, herabgesetzt.

Der Oberflächenschutz durch Passivierung ist für verzinnte Bleche besonders wichtig, weil hier ein etwa von den Poren ausgehender Angriff zu einer weitgehenden Zerstörung des Grundmetalls führen kann, da es sich bei dem Überzug um ein edleres Metall handelt. Die Untersuchung wurde angeregt durch die von Seiten der Praxis immer wieder auftretenden Klagen über mangelnde Korrosions- und Anlaufbeständigkeit verzinnter Bleche.

Zu den Lösungen, die passivierende Eigenschaften haben, gehören die Chromate und Phosphate; bei den Chromaten sind es die 6-wertigen Chromverbindungen, zu denen die Chromate, Bichromate und die Chromsäure zählen. Deshalb ist vor allem der Gehalt der Lösung an 6-wertigen Chromionen wichtig. Ihr pH-Wert soll zwischen 7,5 und 9,5 liegen. Die Schutzwirkung wird dabei durch einen elektrochemischen Vorgang, die sog. anodische Polarisation, hervorgerufen. Es bildet sich zunächst eine Sauerstoffschutzschicht auf der Metalloberfläche, die nach längerer Einwirkung durch eine Metalloxydschicht verstärkt wird. Wahrscheinlich besitzen diese sehr dünnen, nicht sichtbaren Filme nur molekulare Schichtdicke; bisher war es nicht möglich, soviel Substanz von ihnen zu isolieren, wie zu einer chemischen Untersuchung notwendig wäre. Die bekannte Erscheinung der Interferenzfarben bei Oxydfilmen, die einen gewissen Anhalt über ihre Dicke geben, lassen auch hier angenähert Schlüsse über die Dicke der entstehenden Schutzschicht zu. Es wurde nachgewiesen, daß Oxydfilme, die so dünn sind, daß keine Interferenz des sichtbaren Lichtes mehr eintritt, d. h. die unsichtbar bleiben, nicht dicker als $4 \cdot 10^{-6}$ cm sind.

Versuche. Die Brauchbarkeit verschiedener Lösungen für eine Passivierung von Weißblech wurde in mehreren Versuchsreihen erprobt und dabei der Einfluß von Konzentration, Temperatur, Behandlungszeit und verschiedenen Zusätzen überprüft, da bisher exakte Angaben über Zusammensetzungen solcher Lösungen nur vereinzelt gemacht werden.

Als Versuchsmaterial wurde Weißblech verwandt, wie es zu Verpackungszwecken üblich ist. Im Hinblick darauf, daß diese verzinnten Bleche häufig einem stark korrodierenden Schwefelangriff durch Nahrungsmittel ausgesetzt sind, weiterhin beim Einbrennen von Lacken leicht anlaufen und sich verfärben, schienen diese Bleche zur Ermittlung günstiger Bedingungen besonders geeignet. Zum anderen war es möglich, die Porosität, die ein Maßstab für die Schutzwirkung eines Überzuges ist, mitzuerfassen. Bei den Passivierungslösungen handelte es sich um Kaliumpermanganat und Kaliumbichromat in 1/10- bis 5%igen Lösungen. Da die Kaliumpermanganat-Lösungen relativ gute Benetzungskraft haben und daher mit einer gleichmäßigen Einwirkung auf die Blechoberfläche gerechnet werden konnte, wurden sie ohne besondere Zusätze angewandt. Die reinen Chromatlösungen benetzen die Oberfläche dagegen nur wenig, wie sich in Vorversuchen herausstellte, sodaß hier Benetzungsmittel zugesetzt werden mußten. Dafür wurden zunächst eine Phosphatlösung und eine organische Säure ausgewählt.

Alle Bleche wurden vor der Behandlung entfettet. Vorversuche zur Ermittlung der günstigsten Behandlungszeit hatten ergeben, daß eine Passivierungszeit von 30 Sekunden ausreichend war. Die Passivierungstemperatur lag bei rd. 80° C, nachdem sich erwiesen hatte, daß alle Lösungen bei Raumtemperatur nur wenig oder keine Inhibitorwirkung zeigten.

Die passivierten Bleche wurden zur Prüfung ihrer Schutzwirkung dem korrodierenden Angriff einer schwefelhaltigen Lösung ausgesetzt. Dazu schien zunächst eine Lösung von gelbem Ammonsulfid bei 60° C geeignet und, nach

Angaben in der Literatur, gebräuchlich. Die Bleche wurden jedoch in dieser Lösung nach kurzer Zeit so stark angegriffen, daß ihre Beurteilung schwierig war. Die starke Anätzung der Oberfläche wird wahrscheinlich durch Dissoziation des Ammoniumsulfid und das dabei freiwerdende Ammoniak verursacht. Da es aber erwünscht war, die Wirkung des reinen Schwefelangriffs zu beobachten, wurden die Bleche in einer wäßrigen Lösung von reinem Schwefelwasserstoff bei 60° C geprüft.

Es stellte sich heraus, daß der Schwefelangriff häufig von kleinen Poren ausgeht, an denen sich durch Reaktion des freiliegenden Eisens Eisensulfid bildet, das sich dann auf der Oberfläche niederschlägt und einen Angriff auf die Zinnschicht hervorruft. Daher wurde für jeden Korrosionsversuch eine frische Schwefelwasserstofflösung angesetzt. Mit den passivierten Proben wurde zum Vergleich jeweils ein unbehandeltes Blech mitgeprüft.

Die Ergebnisse dieser Versuche sind in Abbildung 1 bis 9 dargestellt, wobei die einzelnen Bilderreihen jeweils Aufnahmen von Blechen sind, die nebeneinander der Korrosionsprüfung unterworfen wurden.

Korrosionsprüfung

 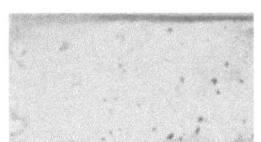  

Abb. 1 Probe unbehandelt

Abb. 2 Probe mit Kaliumpermanganat behandelt

Abb. 3 Probe mit Kaliumbichromat behandelt

Abb. 4 Probe mit Kaliumbichromat + organischem Zusatz beh.

Abbildung 1 bis 4 zeigen die unterschiedliche Wirkung der drei verschiedenen Passivierungslösungen; Kaliumpermanganat (Abb. 2), Kaliumbichromat mit Natriumphosphat (Abb. 3) und Kaliumbichromat mit einer organischen Säure als Benetzungsmittel (Abb. 4). Die Verbesserung durch die Passivierungsbehandlung in diesen Lösungen geht aus Abbildung 2 bis 4 im Vergleich zur unbehandelten Probe in Abbildung 1 hervor. Alle behandelten

Bleche verhalten sich bei einem Schwefelangriff günstiger; besonders vorteilhaft wirkt sich die Chromatlösung mit dem organischen Benetzungsmittel aus. Das Blech ist weiß und blank geblieben, wogegen die anderen Bleche z. T. leicht anliefen, keines jedoch so stark wie das unbehandelte Blech. Ein verstärkter Angriff geht dabei von den Poren in der Schutzschicht aus, die in den Bildern an der Dunkelfärbung durch Eisensulfid deutlich zu erkennen sind und vergrößert erscheinen. Es muß bemerkt werden, daß diese Proben dem Korrosionsangriff sehr lange ausgesetzt waren und daß die Beständigkeit der Bleche bei einem Angriff unter normalen Bedingungen um ein Vielfaches günstiger sein wird.

Abb. 5   Probe unbehandelt

Abb. 6   Probe mit 1/10% Kaliumbichromat und organischem Zusatz behandelt

Abb. 7   Probe mit 2% Kaliumbichromat + organischem Zusatz behandelt

Abb. 8   Probe mit 1/10% Kaliumbichromat + Phosphat behandelt

Abb. 9   Probe mit 2% Kaliumbichromat + Phosphat behandelt

In den Abbildungen 5 bis 9 ist der Einfluß verschiedener Konzentrationen der Chromatlösungen mit den Benetzungsmitteln dargestellt. Diese Proben wurden dem Schwefelangriff kürzere Zeit ausgesetzt und sind daher allgemein schwächer angegriffen als die Proben der Abbildungen 1 bis 4. Aus den Versuchen geht hervor, daß die Chromatlösungen in einem ziemlich weiten Konzentrationsbereich wirksam sind.

Die Porositätsprüfungen führten grundsätzlich zu demselben Ergebnis. Sie wurden nach der üblichen Kalium-Ferricyanid-Probe durchgeführt. Es ergab sich, daß alle Bleche, die der Korrosionsprüfung in Schwefelwasserstoffwasser widerstanden und nicht oder nur wenig anliefen bezw. korrodierten, in den meisten Fällen auch die geringste Porenzahl aufwiesen.

Die beschriebene Passivierungsbehandlung ergab jedoch beim Glühen der Bleche noch unbefriedigende Ergebnisse.

In einer weiteren Untersuchung wurde die Schutzwirkung einer stark verdünnten Schwefelsäure mit Zusätzen einer Sparbeize und einer Chromatlösung geprüft. Andere Versuche sollten den Einfluß ermitteln, durch den eine Sparbeize auf die Blechoberfläche schützend einwirkt. Dabei hatte es sich gezeigt, daß der Säureangriff durch einen dünnen Film, der sich auf der Metalloberfläche niederschlägt, herabgesetzt wird. Es wurde vermutet, daß dieser Film auch unter anderen korrodierenden Einflüssen einen Schutz ausüben könnte.

Korrosionsprüfung

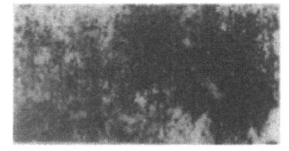 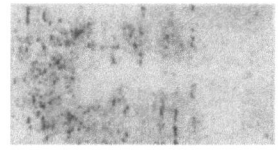 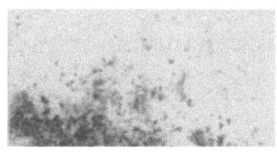 

Abb. 10 Probe unbehandelt

Abb. 11 Probe mit Schwefelsäure und Sparbeize behandelt

Abb. 12 Probe mit Schwefelsäure und Kaliumbichromat behandelt

Abb. 13 Probe mit Schwefelsäure und Kaliumbichromat und Sparbeize behandelt

Glühprüfung

Abb. 14 Probe unbehandelt

Abb. 15 Probe mit Schwefelsäure und Sparbeize behandelt

Abb. 16 Probe mit Schwefelsäure und Kaliumbichromat behandelt

Abb. 17 Probe mit Schwefelsäure und Kaliumbichromat und Sparbeize behandelt

Für die folgenden Versuche wurde daher von einer verdünnten 10%igen Schwefelsäurelösung ausgegangen, der jeweils Zusätze von

1. Sparbeize,
2. Kaliumbichromat,
3. Sparbeize + Kaliumbichromat

gegeben wurden. Die Versuche wurden bei Raumtemperatur und bei 50° C und Passivierungszeiten von 3, 5, 10 und 20 Sekunden durchgeführt. Die Bleche wurden anschließend unter denselben Bedingungen wie in den vorangehenden Versuchen in einer heißen Lösung von Schwefelwasserstoffwasser korrodiert. Um das Verhalten der Bleche bei höheren Temperaturen und damit ihre Anlaufbeständigkeit zu überprüfen, wurde ein Teil der Bleche bei 200° C 15 bis 20 Minuten geglüht. Die Ergebnisse der Korrosionsprüfung sind in den Abb. 10 bis 13, die der Glühprüfung in Abb. 14 bis 17 dargestellt.

Im Vergleich zur unbehandelten Probe (Abb.10) wird durch kurzes Eintauchen der Bleche in die Schwefelsäurelösung mit Sparbeizzusatz der Schwefelangriff erheblich herabgesetzt (Abb. 11). Ein Chromatzusatz zur Schwefelsäure hindert den korrosiven Angriff weniger stark (Abb. 12). Am besten verhalten sich Bleche, die in einer Lösung von verdünnter Schwefelsäure mit einem geringen Chromat- und Sparbeizzusatz passiviert wurden (Abb. 13). Die Oberfläche blieb vollkommen blank und hell. Die günstige Wirkung dieser Lösung gegen schwefelhaltige korrodierende Einflüsse kommt hier bei einem Vergleich mit dem nicht passivierten Blech in Abbildung 10 besonders gut zum Ausdruck.

Forschungsberichte des Wirtschafts- und Verkehrsministeriums Nordrhein-Westfalen

Aus Abbildung 14 bis 17, die das Anlaufen der in gleicher Weise behandelten Bleche nach dem Glühen zeigen, geht hervor, daß passivierte Bleche, die sich gegen korrosive Einflüsse günstig verhalten, nicht in demselben Maße gegen das Anlaufen bei höheren Temperaturen geschützt sind. Hier wird die günstigste Wirkung durch eine Schwefelsäurelösung mit Chromatzusatz erreicht (Abb.16), während die Lösungen mit Chromat + Sparbeizzusatz (Abb. 17) bezw. Sparbeize allein (Abb.15) die Anlaufbeständigkeit der Bleche geringfügig, aber nicht ausreichend verbessert. Eine merkliche Beeinflussung und Verbesserung der Anlaufbeständigkeit der verzinnten Bleche bei erhöhten Temperaturen wurde durch Lösungen auf der Basis Kaliumdichromat, Natriumphosphat und Natronlauge erzielt. Zur Ermittlung der vorteilhaftesten Zusammensetzung der Lösung wurden die Gehalte an den einzelnen Komponenten in den Grenzen von 8 bis 12 g bei Kaliumdichromat, 10 bis 50 g bei Natriumphosphat und 10 bis 30 g bei Natronlauge variiert. Die besten Ergebnisse ergab eine Lösung, die 10 g Phosphat, 8 g Dichromat und 20 g Natronlauge im Liter enthielt.

Es zeigte sich jedoch, daß ein Gemisch dieser Lösungen allein ohne besondere Zusätze die verzinnten Bleche nur geringfügig zu schützen vermag, sowohl gegen sulfidischen Angriff wie gegen das Verfärben bei der Erwärmung. Eine Reihe organischer Mittel, deren filmbildende Eigenschaften in anderen Fällen schon nachgewiesen wurden, unter ihnen Essigsäure, Butylacetat und -alkohol, Cellulose und Propylalkohol, in Mengen von einigen Gramm der Chromat-Phosphat-Lösung zugesetzt, wirken mehr oder weniger schützend auf die behandelte Oberfläche ein, ohne ihr jedoch die angestrebten Eigenschaften der Korrosions- und Anlaufbeständigkeit in gleichem Maße zu geben. Erst der Zusatz von Fettalkoholsulfaten als Benetzungsmittel führte zur Bildung von passivierenden Schichten, die ausreichenden Schutz gegen die beschriebenen Angriffsarten gewährte. Die Abbildungen 18 bis 23 geben ein Bild von dem Verhalten der passivierten Bleche in schwefelwasserstoffhaltiger Lösung und beim Erwärmen auf Temperaturen von etwa 200° C. Wiederum ist hier ein unbehandeltes Blech, das derselben Korrosionsbehandlung ausgesetzt war, den behandelten Blechen zum Vergleich gegenübergestellt.

Die Abbildungen 18 bis 20 zeigen neben der nicht passivierten Probe (Abb.20) die Oberflächen eines feuerverzinnten (Abb. 19) und eines galvanisch verzinnten Bleches (Abb. 20) nach der Schwefelwasserstoffprüfung. Es ist ersichtlich, daß der Angriff des Schwefelwasserstoffs durch die Passivierung auf den Zinnüberzug erheblich herabgesetzt wird, bei feuerverzinnten Blechen in stärkerem Maße als bei galvanisch verzinnten.

Korrosionsprüfung

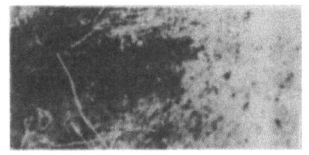  

Abb. 18   Probe
unbehandelt

Abb. 19   Probe
mit Chromat-Phosphat-
Lösung + Sulfonat-
zusatz behandelt.
Feuerverzinntes Blech

Abb. 20   Probe
mit Chromat-Phosphat-
Lösung + Sulfonat-
zusatz behandelt.
Elektrolytisch verzinntes Blech

Glühprüfung

Abb. 21   Probe
unbehandelt

Abb. 22   Probe
mit Chromat-Phosphat-
Lösung + Sulfonat-
zusatz behandelt.
Feuerverzinntes Blech

Abb. 23   Probe
mit Chromat-Phosphat-
Lösung behandelt.
Elektrolytisch verzinntes Blech

Die Prüfung der Bleche durch eine Glühbehandlung ist in den Abbildungen 21 bis 23 dargestellt, wiederum ein unbehandeltes Blech (Abb. 21) neben einem feuerverzinnten, passivierten (Abb. 22) und einem galvanisch verzinnten, passivierten Blech (Abb. 23). Die Schutzwirkung durch die Passivierung ist auch hier an der hellen Farbe der behandelten Bleche im Vergleich zum nichtpassivierten dunklen, vollständig mit einer gleichmäßigen Oxydschicht bedeckten Blech zu erkennen.

Forschungsberichte des Wirtschafts- und Verkehrsministeriums Nordrhein-Westfalen

Für eine betriebliche Durchführung des Verfahrens, besonders im Rahmen einer Fließfertigung, ist es häufig erwünscht, die Behandlungsdauer, die beim einfachen Tauchen der Bleche in die Passivierungslösung rd. 30 sec beträgt, noch zu verkürzen. Man führt die Passivierung dann vorteilhaft elektrolytisch durch, bei kathodischer Schaltung des zu schützenden Gegenstandes. So wird eine schnellere und intensivere Einwirkung der Chromatlösung auf die Blechoberfläche bewirkt, sodaß die Bildung der Schutzschicht im Bruchteil einer Sekunde vor sich geht.

Zusammenfassung

Die Verwendbarkeit verschiedener Lösungen für eine Passivierungsbehandlung von Weißblech zum Schutz gegen Schwefelangriff, wie er durch Nahrungsmittel häufig hervorgerufen wird und gegen das Anlaufen beim Erwärmen sowie zur Verzögerung der atmosphärischen Korrosion wurde an feuerverzinntem und elektrolytisch verzinntem Material untersucht. Als Passivierungsmittel kamen Kaliumpermanganat und Kaliumdichromat in 0,10 bis 5%igen Lösungen sowie verdünnte Schwefelsäure mit Chromat- und Sparbeizzusatz zur Verwendung. Eine günstige Wirkung der Chromatlösungen wurde erst durch Zugabe von Benetzungsmitteln, für die sich organische Lösungen neben Phosphaten als besonders geeignet erwiesen, erreicht. Die mit diesen Lösungen unter optimalen Bedingungen behandelten Bleche hielten einem mehrstündigen Angriff durch heißes, schwefelwasserstoffhaltiges Wasser stand, ohne sich zu verfärben oder einen sonst bevorzugt von den Poren ausgehenden Ätzangriff aufzuweisen. Eine Erwärmung der Bleche auf Temperaturen bis $200°$ C konnte ohne Gefahr der Oxydation und damit des Anlaufens durchgeführt werden.

Abschließend wurden Passivierungsversuche an blanken Tiefziehblechen durchgeführt und zwar mit den Lösungen, die bei den verzinnten Blechen zu optimalen Eigenschaften geführt hatten. Grundsätzlich wurde auch bei diesen Blechen eine Schutzwirkung festgestellt. Für genauere Aussagen hierzu wäre jedoch eine umfassende Untersuchung notwendig.

V. S E U L , Andernach
R. A U , Aachen

Forschungsberichte des Wirtschafts- und Verkehrsministeriums Nordrhein-Westfalen

Die Verzinnungsfähigkeit von Feinblechen

Die in der letzten Zeit häufig gehörten Klagen über die schlechte Verzinnungsfähigkeit bestimmter Feinblechsorten führten zu einer Untersuchung, die grundsätzlich einmal den Einfluß verschiedener Faktoren auf die Verzinnungsfähigkeit von Feinblechen prüfen sollte.

In den Versuchsreihen wurden folgende Punkte untersucht:

I) <u>Abhängigkeit von der Erschmelzungsart</u>
   a) unberuhigtes weiches Thomas- und SM-Material
   b) beruhigtes weiches Thomas- und SM-Material

II) <u>Einfluß der Probenahme</u>
   a) vom Block: Kopf, Mitte, Fuß
   b) vom Blech: Kopf, Mitte, Fuß

III) <u>Abhängigkeit von der chemischen Analyse</u>
   Material mit verschiedenen Gehalten an
   Mn, Si, Ni, Cr, Cu, P, S und C

IV) <u>Abhängigkeit vom Glühzustand</u>
   a) normale Glühung
   b) Grobkorn-Glühung
   c) Zwischenstufengefüge
   d) ungeglüht

V) <u>Abhängigkeit von der Oberflächenbehandlung</u>
   a) beizen
   b) spülen (bürsten)
   c) tunken

VI) <u>Abhängigkeit von der Verzinnungsweise</u>
   a) Tauchzeit
   b) Temperatur
   c) Zinnbadanalyse

Als Versuchsmaterial wurden Handelsbleche mit der Markenbezeichnung St I 23, St II 23 und St III 23 nach DIN 1623 verwendet. Das sind

1. gewöhnliche Schwarzbleche, walzwerksgeglüht; 2. Bleche, an deren Oberfläche gesteigerte Ansprüche gestellt werden (in Glühkisten geglühte Schwarzbleche) und 3. schließlich emaillier- und verzinkungsfähige Bleche (ungebeizte Falz- und Emaillierbleche).

Die Versuchsreihen begannen im Stahlwerk mit der Aufstellung eines Schmelz- und Gießberichtes von jeder Charge, die für den Versuch geeignet erschien. Es ist besonders darauf zu achten, daß der gegossene Block von einwandfreier Oberflächenbeschaffenheit und gut gelunkert ist; außerdem darf er weder Randblasen noch Schalenbildung aufweisen. Die Blöcke wurden dann im Blockwalzwerk auf zwei Triogerüsten und einer Kontistraße mit 5 Gerüsten zu Platinenstäben verschiedener Abmessung ausgewalzt und jeweils zwei Platinen von Kopf, Mitte und Fuß abgeschnitten.

Bei der folgenden Auswalzung der Platinen im Blechwalzwerk zeigte es sich, daß die beiden Blechstraßen, eine Feinblechstraße mit 3 Gerüsten: Duo, Trio (Walzenballen wassergekühlt), Duo (als Warmwalze rd. 400°C) und eine Mittelblechstraße: Duo-Vorwalzgerüst, Trio-Fertiggerüst (Walzenballen wassergekühlt), auf die Ausbildung der Oberfläche einen Einfluß aufweisen. Die auf der Feinblechstraße mit einer Warmwalze fertiggewalzten Bleche zeigten eine saubere Oberfläche.

Wenn man versucht, den Gang der Walze durch Einfetten mit Fettbriketts zu beeinflussen, so werden die Rückstände des Fettes in das Blech eingewalzt und verursachen Schwierigkeiten beim Beizen. Ebenso hat das Walzen im Paket, bei dem zwei oder vier Bleche aufeinanderliegen, einen Einfluß auf die Verzinnungsfähigkeit der beiden Blechseiten.

Die Blechdicke betrug bei allen Walzungen 1,5 bis 2 mm. Die Zahl der den Blechen entnommenen Probetafeln im Format DIN A 4 betrug 20 bis 40 Stück je Versuchscharge.

In der Versuchsanstalt wurde das Material dann gezeichnet, es wurden Zerreiß- und Härteproben, Baumannabzüge und Gefügebilder hergestellt sowie die in Punkt 4 erwähnten Glühbehandlungen durchgeführt.

Da für die verschieden geglühten Bleche unterschiedliche Beizzeiten erforderlich sind, mußten sie nach Glühzustand geordnet und nacheinander gebeizt und verzinnt werden. Der Einfluß von Walzfett und Schmieröl läßt sich hierbei durch eine teilweise Bearbeitung der Proben mit fettauflösenden Mitteln (Tetrachlorkohlenstoff) genau nachweisen.

Die gebeizten Probetafeln wurden dann mit einem starken Wasserstrahl gründlich gereinigt, dann in einen Behälter mit Tunke Inkrustin Flux 11 (Chlorzink Salmiak) getaucht und darauf verzinnt. Dabei zeigte sich, daß nur wenige Sekunden nach dem Spülen des Bleches an der Luft genügten, um auf der Oberfläche einen grünlich braunen Rostanflug zu erzeugen, der auch durch die Tunke (Chlorzink Salmiak) nicht mehr zu entfernen war.

Zu den einzelnen Punkten des Versuchsprogramms konnten folgende Angaben gemacht werden:

I) **Abhängigkeit von der Erschmelzungsart**

Das zu verzinnende Material soll möglichst wenig Verunreinigungen haben und frei von Seigerungen und Randblasen sein. Ein eindeutiger Unterschied zwischen Thomas- und SM-Material besteht nicht. Der Thomas-Stahl neigt jedoch nicht so leicht zur Schlierenbildung, außerdem ist ihm der Vorzug zu geben, wenn das SM-Material durch verunreinigten Schrott höhere Gehalte an Cu und Ni aufweist. Es hat sich ferner gezeigt, daß unberuhigtes Material aufgrund seiner reineren äußeren Randschicht bessere Verzinnungseigenschaften zeigt.

II) **Einfluß der Probenahme**

Unter der Voraussetzung, daß das Material einwandfrei vergossen wurde, besteht kein Einfluß der Kopf-, Mitte- oder Fußproben auf die Verzinnungsfähigkeit.

III) **Abhängigkeit von der chemischen Analyse**

Der Mn-Gehalt (meist zwischen 0,25 bis 0,60%) hat keinen Einfluß auf die Verzinnungsfähigkeit, er wird sich lediglich nach der verlangten Härte und Festigkeit des Bleches richten.

Si-Gehalte (z.B. beruhigtes Material) machen sich durch verstärktes Verzundern der Bleche beim Glühen bemerkbar; eine rauhe Oberfläche und erhöhter Zinnverlust sind die Folge. Störend macht sich Si beim Verzinnen erst bemerkbar bei Gehalten über 0,40%; der Si-Gehalt soll zwischen 0,01 und 0,08% liegen.

Cu, Ni und Cr sind möglichst niedrig zu halten, da diese Elemente eine Sperrwirkung im Eisen hervorrufen und die Affinität des

Metallpaares Fe-Sn weiter schwächen können; außerdem wirken sie sich beim Beizen durch Ausbildung eines schwarzen Beizbelages unangenehm aus. Der P- und S-Gehalt soll nicht zu hoch sein, doch hat sich gezeigt, daß P-Gehalte von 0,60 bis 0,70% für die Ausbildung glatter Blechoberflächen sehr günstig sind. Der C-Gehalt soll möglichst niedrig liegen, nicht über 0,15%.

IV) Abhängigkeit vom Glühzustand

Die Glühbehandlung und die damit verbundene Ausbildung des Blechgefüges ist für die Verzinnungsfähigkeit ohne Bedeutung; doch macht sich eine starke Verzunderung der Blechproben nachteilig für das Oberflächenaussehen und die Porigkeit bemerkbar (Abhilfe durch Anwendung von Schutzgas).

Auf das Oberflächenaussehen der Bleche hat auch das Walzen einen Einfluß. Glattere Oberflächen lassen sich auf Heißwalzen (Walzenballen etwa 400° C) besser erzielen als auf Kühlwalzen (Walzenballen wassergekühlt). Ungünstig wirkt sich das Walzen im Paket aus, da die Innenseite der Bleche nach der Verzinnung rauher und matter als die Außenseite ist.

V) Abhängigkeit von der Oberflächenbehandlung

a) Beizen

Der wichtigste Punkt beim Beizen ist die Verhinderung des Beizbelages, der zu Porigkeit und anderen Störungen beim Verzinnen führen kann. Dazu sind möglichst kurze Beizzeiten erforderlich. Ein hoher Eisengehalt in der Beize macht sich ebenfalls störend bemerkbar. Bei Zusatz von Sparbeizen traten Überbeizungen und damit Beizbelagbildung nicht so leicht auf.

b) Spülen

Um das gebeizte Blech von allen Unreinigkeiten zu säubern, muß es gründlich abgespült werden; wenige Sekunden an der Luft genügen jedoch schon, um auf der Oberfläche einen Rostanflug zu erzeugen, der nur durch nochmaliges Beizen zu entfernen ist.

c) Tunken

Die Konzentration der Tunke "Inkrustin Flux 11" soll möglichst konstant gehalten werden; die besten Ergebnisse erzielt man mit einer Tunke, die folgende Zusammensetzung hat:

Salz : Wasser = 2 : 1, spez. Gewicht etwa 1,710
Salz : Wasser = 3 : 1, spez. Gewicht etwa 1,850

Abgearbeitete Tunke mit einem spez. Gewicht von etwa 1,3 bis 1,5 verstärkt die Porigkeit des Zinnüberzuges. Ferner ist es zur Vermeidung der Hartzinnbildung notwendig, das Flußmittel von den sich abscheidenden Eisenflocken zu reinigen.

VI) Abhängigkeit von der Verzinnungsweise

Zur Erzielung von guten Zinnüberzügen ist die Einhaltung von bestimmten Temperaturen unerläßlich.

Bei Verzinnung in einem Bad 290 bis 310° C
Bei Verzinnung in zwei Bädern   Bad 1   310 bis 330° C
                                  Bad 2   290 bis 310° C

Temperaturen über 340° C begünstigen das "Abtränen".
Temperaturen unter 280° C verstärken die Porigkeit.

Die Tauchzeit des Bleches darf einen Mindestwert nicht unterschreiten (etwa 20 sec); längere Tauchzeiten wirken sich auf die Schichtdicke kaum aus. Die Tauchzeit ist aber abhängig von der Blechdicke. Eine Tauchzeit von etwa 30 sec ist für Bleche zwischen 1,5 und 2 mm als geeignet anzusehen.

In Bezug auf die Zinnbadanalyse konnten keine Einflüsse festgestellt werden. Das bei den Versuchen angewandte Zinnbad hatte etwa folgende Zusammensetzung:

$$Sn = 99,29\%$$
$$Cu = 0,42\%$$
$$Pb = 0,28\%$$
$$Fe = Spuren$$

Dipl. Ing. H. M E I S W I N K E L , Aachen.

Forschungsberichte des Wirtschafts- und Verkehrsministeriums Nordrhein-Westfalen

Rollnahtschweißung von phosphatiertem Blech

Zur starken Verbreitung der Phosphatüberzüge in der Technik haben viele günstige Eigenschaften dieser Schichten beigetragen, die sie gegenüber anderen Schutzschichten aufweisen. Eine der wesentlichsten Eigenschaften ist ihre Fähigkeit, durch eine zweckmäßige Nachbehandlung mit Oel oder insbesondere Lacken Gegenständen aus Eisen, Stahl, Zink oder Zinklegierungen eine hervorragende Korrosionsbeständigkeit zu verleihen. Die Haftfestigkeit der organischen Überzüge wird auf einem phosphatierten Eisenuntergrund wesentlich verbessert und das Unterrosten der Lacküberzüge verhindert. Als von größter technischer Bedeutung hat sich auch die Fähigkeit der Phosphatüberzüge erwiesen, die Reibung bei der spanlosen Formung oder bei Gleitvorgängen wesentlich herabsetzen zu können. Praktisch wertvoll ist auch das elektrische Isolationsvermögen, sowie der Umstand, daß die Abmessungen der behandelten Gegenstände nur sehr wenig, die Festigkeitseigenschaften überhaupt nicht verändert werden.

Die blechverarbeitende Industrie, die sich dieser Vorzüge schon seit längerer Zeit bedient, hat jedoch in einigen Fällen, wo es sich darum handelte, phosphatierte Gegenstände (Feinbleche) durch Punkt- oder Rollnahtschweißung miteinander zu verbinden, auf die Phosphatierung verzichtet, da es nach allgemeiner Ansicht nicht möglich ist, phosphatierte Bleche für die oben erwähnten Schweißverfahren zu verwenden.

Viele Betriebe, die sich mit Punkt- oder Rollnahtschweißung beschäftigen, stehen auf dem Standpunkt, daß sich solche Schweißungen nur an gut entfetteten, sauber gebeizten und gespülten Blechen fehlerlos durchführen lassen. Von verschiedenen Firmen phosphatierte geschweißte Bleche zeigten auch grobe Fehler auf und in der Schweißung.

Dieses Problem wurde daher in folgender Richtung eingehend untersucht: Einfluß der Ausbildung der Phosphatschicht auf die nachfolgende Punkt- und Rollnahtschweißung
1. durch verschiedene Erschmelzungsarten, 2. durch unterschiedliche Warm- und Kaltverformung, 3. verschiedene Phosphatierungslösungen, 4. Einfluß der Tauchzeit und der damit verbundenen Phosphatschichtdicke.

Forschungsberichte des Wirtschafts- und Verkehrsministeriums Nordrhein-Westfalen

Alle diese Faktoren wurden im nachfolgenden Versuchsprogramm berücksichtigt.

Als Vormaterial wurde verwandt: SM-Blech warmgewalzt, Thomasblech warmgewalzt, SM-Material kaltgewalzt, Thomasblech kaltgewalzt, jeweils 0,58 mm dick. Diese Bleche wurden unter normalen Bedingungen in Salzsäure gebeizt und in fließendem Wasser gespült, anschließend nach 7 verschiedenen Verfahren phosphatiert und wieder mit fließendem Wasser gespült, mit Spülsalz behandelt, mit Heißluft getrocknet. Die Schweißung der Blechproben erfolgte auf einer Rollnahtschweißmaschine bei einer Stromstärke von 80 bis 100 Amp. Alle Bleche konnten auf diese Art überlappt geschweißt werden, doch war deutlich ein Unterschied zwischen den einzelnen Versuchen festzustellen. Die Nähte der Versuche 1 bis 4 waren durchweg als sauber, glatt und ohne Fehler anzusehen, während die der Versuche 5 bis 7 verschiedene Fehler aufwiesen. Je dicker die aufgetragene Phosphatschicht war, desto rauher war das Oberflächenaussehen der Rollnähte. Hier und da traten sogar Löcher und Fehlstellen in der Schweißnaht auf.

Da die Phosphatüberzüge Temperaturen nur bis zu 500°C aushalten, ist der Schutzwert der Überzüge auf der Naht und in der Übergangszone während der Schweißung durch Verdampfen oder Schmelzen aufgehoben. Besonders bei den Versuchen 5 bis 7 war die Übergangszone durch die verschiedenen Farbtöne der Phosphatschicht deutlich gekennzeichnet (gelbbraun, dunkelbraun, taubengrau und dunkelgrau).

Durch Zerreißversuche konnte ermittelt werden, daß die Zugfestigkeit der Schweißnaht durch die Phosphatierung nicht beeinflußt wurde. Der Bruch der Probe trat immer im Grundwerkstoff bezw. in der Übergangszone auf. Es wurde weiter dabei festgestellt, daß die Biegefähigkeit und Verformbarkeit der Phosphatschicht abhängig ist von der Auflagestärke und Ausbildung der Phosphatkristalle. Die Verformfähigkeit war um so besser, je dünner und feinkristalliner die Phosphatschicht war. Die Zerreißfestigkeiten waren:

$$\text{SM-Blech warmgewalzt} \quad 36 \text{ kg/cm}^2$$
$$\text{Th-Blech warmgewalzt} \quad 35 \text{ kg/cm}^2$$
$$\text{SM-Blech kaltgewalzt} \quad 37 \text{ kg/cm}^2$$
$$\text{Th-Blech kaltgewalzt} \quad 38 \text{ kg/cm}^2$$

Die Oberfläche eines phosphatierten Probekörpers wird beim Zerreißversuch, bei dem die Elastizitätsgrenze bereits überschritten wurde, weiß, wobei an den Stellen der größten Beanspruchung auch der Grad des Weißwerdens am stärksten ist. Offenbar hat die Phosphatschicht an der Dehnung nicht teilnehmen können und ist an zahlreichen Stellen gerissen, wodurch eine stärkere Lichtbrechung verursacht wird. Die Tatsache, daß die Phosphatschicht bei der Überdehnung zerstört wurde, geht auch daraus hervor, daß die weißen Stellen am stärksten rosten.

Durch metallographische und chemische Untersuchung der Schweißnaht und des Übergangsgefüges konnte festgestellt werden, daß die rauhen und fehlerhaften Schweißnähte bei den dickeren Phosphatschichten (Versuch 5 bis 7) nicht durch Verbrennung und Beeinflussung durch die Phosphatierungslösungen entstanden waren, sondern rein mechanische Vorgänge dafür verantwortlich gemacht werden können.

Je dicker die Phosphatschicht, desto leichter setzt sich das schmelzende Phosphat an den Kupferrollen fest und verursacht dadurch ein Kleben des aufgeschmolzenen Grundwerkstoffes. Das hat zur Folge, daß die Schweißnähte rauh werden und sich sogar Löcher bilden. Durch die isolierend wirkende Schicht auf den stromzuführenden Kupferrollen wird außerdem der Schweißvorgang erschwert und Hohlräume entstehen auch im Innern der Naht.

Alle diese Fehler lassen sich vermeiden, wenn man während des Schweißvorganges die Kupferrollen mit einer Feile oder Drahtbürste metallisch blank hält. Für diesen Zweck ließe sich eine besondere Vorrichtung ohne größere Kosten an jeder Maschine anbringen. Es wäre somit also auch möglich, Bleche mit dickeren Phosphatüberzügen zu schweißen.

Um die durch die Schweißung zerstörte Schutzschicht entlang der Schweißnaht wieder herzustellen, kann man die fehlende Phosphatschicht mit einer Spritzpistole nachträglich wieder auftragen.

Der Einfluß der verschiedenen Erschmelzungsarten und Wärmebehandlungen ist - wenn auch nur indirekt - zu erkennen. Da die Phosphatierung ein typischer Grenzflächen- und Kristallisationsvorgang ist, hängt die Ausbildung und der Gefügeaufbau der Phosphatschicht selbst ab von der Kristallisationsgeschwindigkeit, der Keimbildung und der Kristallwachstumsgeschwindigkeit. Diese wiederum werden durch die Zusammensetzung des Stahles, die physikalische Beschaffenheit der Eisenoberfläche, die Art der Vorbehandlung und noch andere Faktoren beeinflußt.

Forschungsberichte des Wirtschafts- und Verkehrsministeriums Nordrhein-Westfalen

Thomasstahl neigt zu einer rauheren und dickeren Ausbildung der Phosphatschicht, SM-Stahl zeichnet sich durch feinere, dünnere Überzüge aus. Das Warmwalzen scheint die Ausbildung von gröberen, dickeren Überzügen zu begünstigen, während kaltgewalzte Bleche glattere und feinkörnigere Schichten ergeben. Dicke und Rauhigkeit der Schutzschicht beeinflussen die Schweißeigenschaften.

Zusammenfassung

Zusammenfassend kann gesagt werden, daß sich phosphatierte Bleche, wie sie in der Industrie allgemein verwandt werden, auf Rollnahtschweißmaschinen verarbeiten lassen. Es ist besonders auf folgendes zu achten: die Phosphatschicht soll feinkristallin und gleichmäßig dick aufliegen, die Schichtdicke möglichst klein gehalten werden. Zu Beginn einer jeden Schweißung sind diejenigen Stellen, an welchen die Kupferrollen zuerst aufgesetzt werden, durch Abkratzen blank zu machen, um einen elektrischen Kontakt herzustellen. Während der Schweißung ist darauf zu sehen, daß die Kupferrollen immer metallisch blank bleiben und sich nicht mit einer Phosphatschicht bedecken. Die durch die Schweißung zerstörte Schutzschicht auf der Rollnaht kann durch Aufspritzen einer Phosphatierungslösung mit Hilfe von Spritzpistolen wieder hergestellt werden.

Dipl. Ing. H. M E I S W I N K E L,
Aachen.

Forschungsberichte des Wirtschafts- und Verkehrsministeriums Nordrhein-Westfalen

H a r t e i s e n n i e d e r s c h l ä g e

Die elektrolytisch abgeschiedenen Metalle können besondere Eigenschaften aufweisen, durch die sie sich von den gegossenen und rekristallisierten Metallen sehr stark unterscheiden. Wie durch zahlreiche Untersuchungen belegt wurde, beruht dies besonders darauf, daß mit dem Metall gleichzeitig nichtmetallische Fremdstoffe abgeschieden werden, die sich in das Metallgitter einlagern. Die mehrfach ausgesprochene Vermutung, daß durch den Fremdstoffeinbau neue, sonst nicht bekannte Modifikationen der Metalle auftreten oder das Gitter aufgeweitet wird, erwies sich als irrig. Die charakteristischen Änderungen der Eigenschaften der Metalle durch die Einlagerung der Fremdstoffe sind vielmehr darauf zurückzuführen, daß das Kristallgitter stark gestört wird, ohne daß die Gitterkonstante sich nachweisbar ändert.

Besonders augenfällig sind die zu beobachtenden sehr starken Unterschiede in der Härte, welche die Mitabscheidung der Fremdstoffe mit sich bringt. Es gelingt durch die elektrolytische Kristallisation, Metalle mit einer Härte zu gewinnen, wie sie sonst nicht zu erreichen ist. Auch die Härte der elektrolytisch abgeschiedenen Chromüberzüge ist nicht eine für das Metall charakteristische Eigenschaft, sondern sie wird durch die Mitabscheidung von Chromoxyd veranlaßt. Bei der elektrolytischen Abscheidung von Eisen gelingt es ebenfalls, harte Niederschläge herzustellen, die die Härte des elektrolytisch abgeschiedenen Chroms erreichen. Es handelt sich dabei nicht um Reineisenniederschläge, sondern um ein Elektrolyteisen mit einem nachweisbaren Gehalt an Fremdstoffen, die aus Eisenoxyd und anderen anorganischen oder organischen Substanzen bestehen können. Je nach den Bedingungen der Elektrolyse gelingt es, mit dem Eisen größere oder kleinere Mengen dieser Fremdstoffe außer dem Wasserstoff gleichzeitig abzuscheiden. Die bei der Elektrolyse eingebaute Fremdstoffmenge kann über 10% erreichen.

Die Elektrolyte für die Herstellung der harten Eisenniederschläge und die einzuhaltenden Arbeitsbedingungen unterscheiden sich in verschiedenen Punkten von den Bedingungen, die zur Abscheidung weicher Eisenniederschläge führen, deren Härte zwischen 100 und 200 kg/mm^2 liegt. Man kann beide

Niederschlagsarten, also weiche und ausgesprochen harte Eisenniederschläge, sowohl aus dem Chloridelektrolyten als aus dem Sulfatbade erhalten. Bei der Herstellung weicher Niederschläge arbeitet man bei hoher Abscheidungstemperatur und verhältnismäßig niedriger pH-Zahl. Bei der Herstellung harter Eisenniederschläge liegt die Abscheidungstemperatur tiefer, die pH-Zahl wird zweckmäßig etwas höher gehalten. Außerdem kann man für die Abscheidung von Harteisenniederschlägen den Bädern Zusätze von bestimmten organischen oder anorganischen Verbindungen zugeben, die zumeist in Form kolloidal gelöster, oft komplexer Verbindungen im Kathodenfilm vorhanden sind und von der Kathode adsorbiert werden. Sie bauen sich so in das Elektrolyteisen mit ein.

Die bei der Elektrolyse zu erreichende Höchsthärte liegt um 800 kg/mm^2. Die Härte steigt aber keineswegs mit der Menge des eingebauten Fremdstoffes an. Elektrolyteisensorten mit den höchsten Mengen an eingelagerten Fremdstoffen sind sogar oft nicht unwesentlich weicher als solche mit geringerer Einlagerung. Nach zahlreichen Versuchen ist aber in Elektrolyteisen besonders hoher Härte stets ein analytisch leicht nachweisbarer Fremdstoffeinbau vorhanden, der gewöhnlich zwischen etwa 2 und 5% liegt. Aber auch in Gegenwart von nur etwa 0,5% Fremdstoff kann die Härte über 600 kg/mm^2 sein. Die Schwankungen der Härte liegen im allgemeinen zwischen 600 und 800 kg/mm^2. Die Verhältnisse sind also bei dem Elektrolyteisen mit Fremdstoffeinbau ganz anders als z.B. bei den metallischen Mischkristallen, welche auf dem üblichen thermischen Wege durch Schmelzen und Rekristallisation gewonnen werden. Bei letzteren nimmt die Härte bis zur Sättigungsgrenze stetig zu. Bei der Mitabscheidung von Fremdstoffen mit dem Elektrolyteisen wird der Fremdstoff teilweise hochdispers bezw. pseudoisomorph eingelagert, wodurch starke Gitterstörungen entstehen, die ihren Maximalwert schon bei verhältnismäßig geringem Fremdstoffeinbau erreichen können.

Bei der Untersuchung verschiedener anorganischer und organischer Zusätze, die bei der elektrolytischen Abscheidung des Eisens in den Niederschlag eingebaut werden können, ergab sich keine nachweisbare Abhängigkeit der Härte von der Art des miteingebauten Stoffes. Die Streuungen waren in jedem Falle so groß, daß vielleicht vorhandene Unterschiede dadurch überdeckt wurden. Das Mikrogefüge der Eisenniederschläge erleidet bei Einbau von Fremdstoffen, die die Härte in starkem Maße beeinflussen, charakteristische Änderungen.

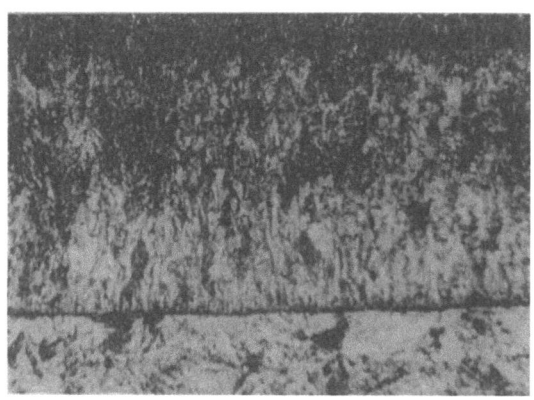

A b b i l d u n g 24
Galvanischer Eisenniederschlag
mit 99,99 % Fe Stahl
Vgr. 120 x

Abbildung 24 zeigt das Gefüge eines normalen Weicheisenniederschlages mit einer Härte von etwa 130 kg/mm^2, wie er aus einem Chloridbade bei etwa 100° C und niedriger pH-Zahl erhalten wird. Man sieht in dem Bilde die verhältnismäßig groben, schwach gerichteten polygonalen Eisenkristallite, die lediglich eine gewisse Streckung in Stromlinienrichtung aufweisen. Abbildung 25 zeigt daneben einen Niederschlag mit 97,3% Fe und 2,7% Citrat. Man sieht die starke Kornverfeinerung und daneben die ausgesprochene Orientierung der schmalen faserförmigen Kristallite senkrecht zur Oberfläche in Stromlinienrichtung. Charakteristisch ist für die Harteisenniederschläge mit höherem Fremdstoffeinbau der lamellare Aufbau. Dabei wechselt oft eine grob lamellare mit einer feinlamellaren Struktur, durch die teilweise das gerichtete Wachstum der Kristallite senkrecht zur Oberfläche überhaupt nicht mehr zu erkennen ist. Abbildung 26 gibt einen solchen Eisenniederschlag mit Lamellenstruktur wieder. Durch die Mitte des Bildes erstreckt sich eine breite Zone mit scharfen, ziemlich breiten Lamellen. Oberhalb und unterhalb dieser Schicht ist eine etwas feiner lamellare Struktur weniger stark angedeutet. Dafür ist das faserige Wachstum der Kristallite noch deutlich zu sehen.

Abbildung 27 zeigt einen durchweg verhältnismäßig feinlamellaren Nieder-

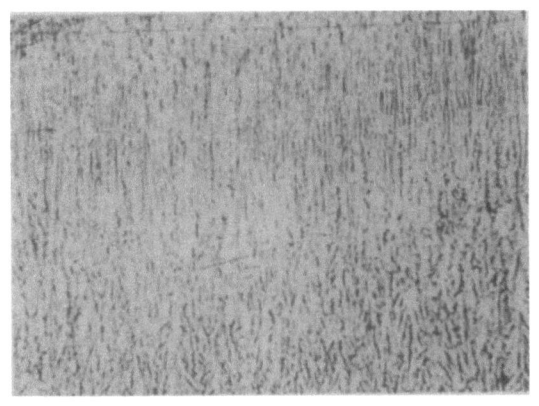

Abbildung 25

Galvanischer Eisenniederschlag
mit 97,3 % Fe

Vgr. 300 x

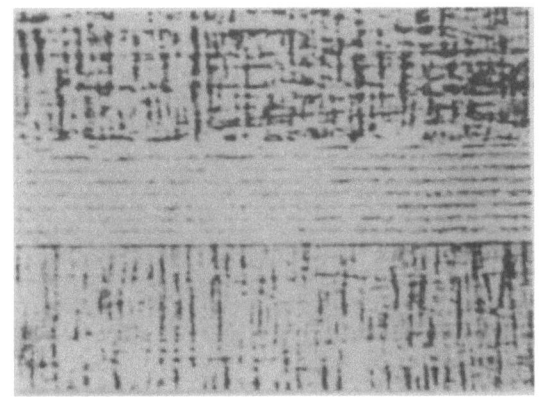

Abbildung 26

Lamellarer Eisenniederschlag
mit 96,1 % Fe

Vgr. 300 x

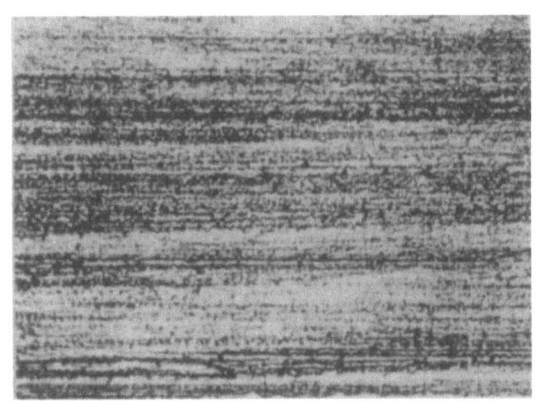

Abbildung 27

Feinlamellarer Eisenniederschlag
mit 95,8 % Fe

Vgr. 300 x

Abbildung 28

Feinlamellarer Eisenniederschlag
mit 89,6 % Fe

Vgr. 1 500 x

schlag mit einem Fremdstoffeinbau von 4,2%. Das Wachstum der Kristallite, senkrecht zur Oberfläche ist nur noch schwach angedeutet. Die Lamellenstruktur wiegt außerordentlich stark vor. In Abbildung 28 ist ein Eisenniederschlag dargestellt, der eine feine Lamellierung aufweist. Der Abstand der Lamellen liegt in diesem Fall um 1μ. Die einzelnen Lamellen werden bei einer Vergrößerung von 1500 x gut sichtbar.

Diese lamellarische Struktur elektrolytisch abgeschiedener Metalle mit Fremdstoffen ist nicht neu. Sie wurde schon an anderen Metallen festgestellt. Z. B. haben die Glanznickelniederschläge einen derartigen lamellaren Aufbau. Die Lamellenstruktur kommt dadurch zustande, daß im Kathodenfilm periodisch eine Verarmung und Anreicherung an den mit dem Metall abgeschiedenen Stoffen eintritt, wodurch auch die Einlagerung im Niederschlag periodischen Schwankungen unterliegt. Auf die technologischen Eigenschaften der Eisenniederschläge wirkt sich diese lamellare Struktur solange nicht nachteilig aus, wie die Schwankungen in dem Mieteinbau der Fremdstoffe nicht zu stark sind und damit parallel zu den Lamellen Schwächezonen in den Niederschlägen auftreten, die zum Aufblättern führen.

Die Härte der Eisenniederschläge ändert sich durch Wärmebehandlung in charakteristischer Weise, wie Abbildung 29 an Niederschlägen mit wechselndem Fremdstoffgehalt nach einstündigem Erhitzen auf verschiedene Temperaturen zeigt. Bei Niederschlägen aus reinem Eisen, welche keine nachweisbaren Mengen von Fremdstoffen enthalten, bleibt die Härte bis zu $700°$ C nahezu konstant. Sie liegt mit gewissen Schwankungen bei etwa 130 bis 150 kg/mm^2. Oberhalb $700°$ C fällt die Härte langsam ab. Bei $900°$ C liegt sie unter 100 kg/mm^2 (Kurven 6 und 7 von Abb. 29).

Die hohe Härte des Fremdstoffe enthaltenden Elektrolyteisens nimmt durch Anlassen auf Temperaturen bis etwa $400°$ C nicht ab. Man beobachtet, wie die Kurven 1 bis 4 in Abbildung 29 erkennen lassen, vielfach sogar noch eine deutliche Aushärtung zwischen $200°$ und $300°$ C, durch die die Härte im Zustand der galvanischen Abscheidung noch wesentlich übertroffen wird. Erst oberhalb $400°$C tritt ein Härteabfall ein. Bei $800°$C nehmen die Harteisenproben die Härte der elektrolytischen Weicheisenniederschläge an. Bei Harteisen, das organische Verbindungen, z. B. Citrat, enthält, ist vielfach ein zweiter Härteanstieg bei $700°$ C festzustellen, den die Kurven 1 und 3 von Abbildung 29 erkennen lassen. Dieser Wiederanstieg der Härte ist

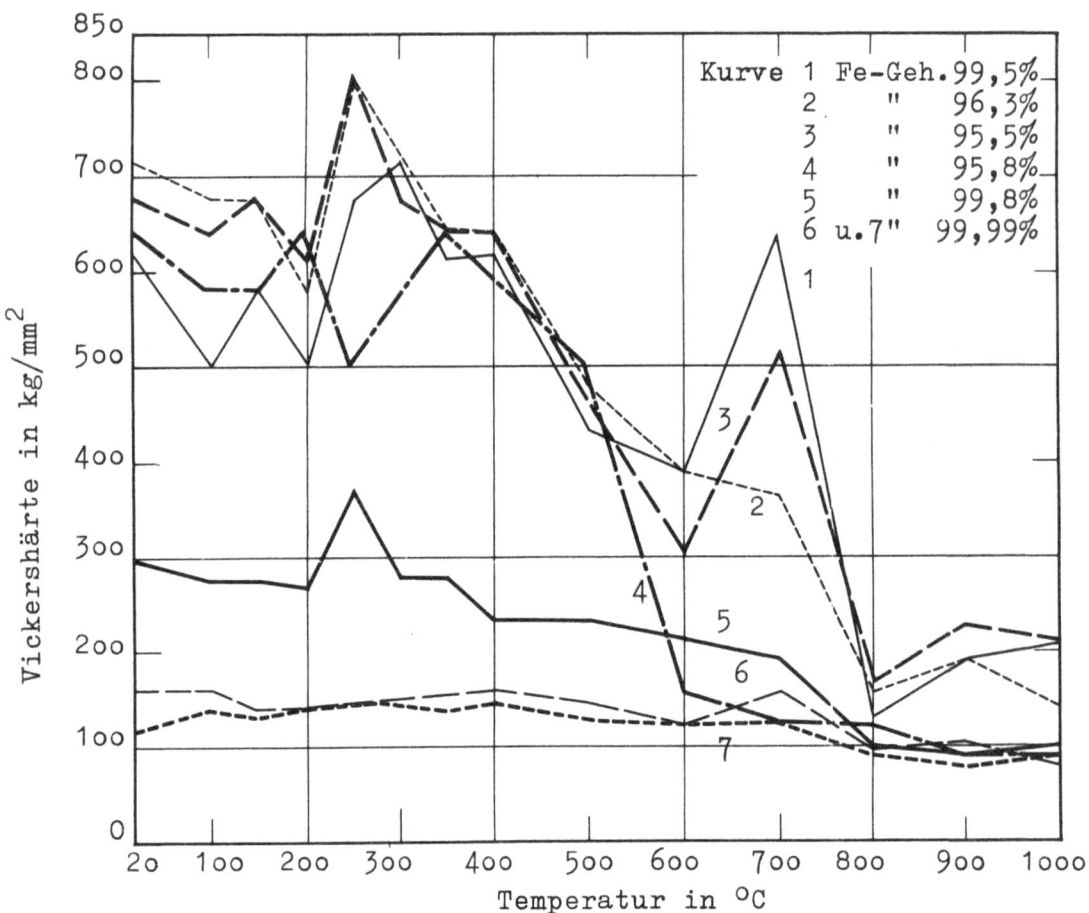

Abbildung 29
Änderung der Härte von galvanischen Eisenniederschlägen
durch einstündiges Erhitzen auf verschiedene Temperaturen

offenbar auf eine Aufkohlung des Eisens durch den bei der Zersetzung der organischen Stoffe in feiner Verteilung in dem Eisen entstandenen Kohlenstoff zurückzuführen.

Wie andere Elektrolytmetalle rekristallisieren auch die galvanischen Eisenniederschläge neben der Erholung bei ausreichend hoher Temperatur. Die Weicheisenniederschläge mit geringer Ausgangshärte und grobkörniger Kristallisation rekristallisieren unter Bildung eines groben Rekristallisationskornes. Dies zeigt Abbildung 30 an einem Eisenniederschlag, der keine nachweisbaren Mengen von Fremdstoffen enthält nach der Rekristallisation bei 900° C. Die Harteisenniederschläge rekristallisieren dagegen sehr feinkörnig.

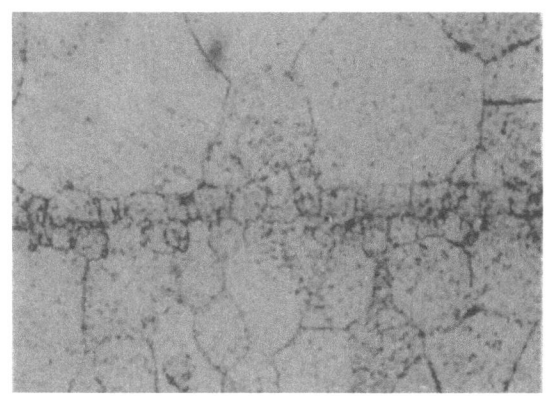

Abbildung 30
Bei 900° C rekristallisierter
Eisenniederschlag mit 99,99 %
Fe　　　　　　　　Vgr. 300 x

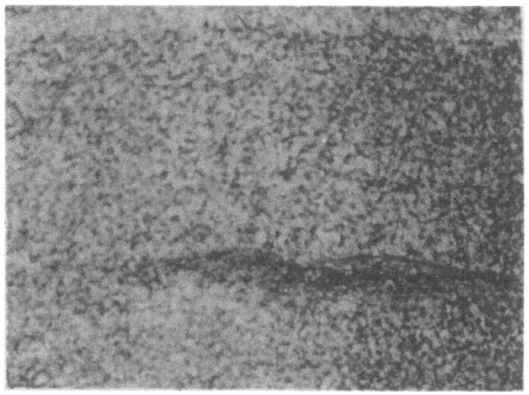

Abbildung 31
Bei 900° C rekristallisierter
Eisenniederschlag mit 93,8 %
Fe　　　　　　　　Vgr. 300 x

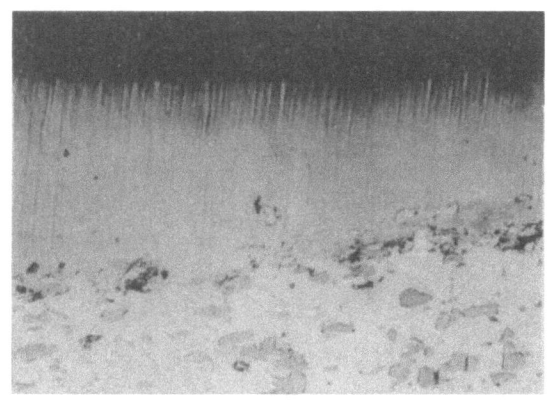

Abbildung 32
Harteisenniederschlag auf einer
Aluminiumlegierung (EC 124)

Vgr. 300 x

Abbildung 33
Harteisenniederschlag auf einer
Aluminiumlegierung (EC 124)
Oberer Teil mit Hammer bearbeitet, unterer Teil erhitzt,
schwach verkleinert.

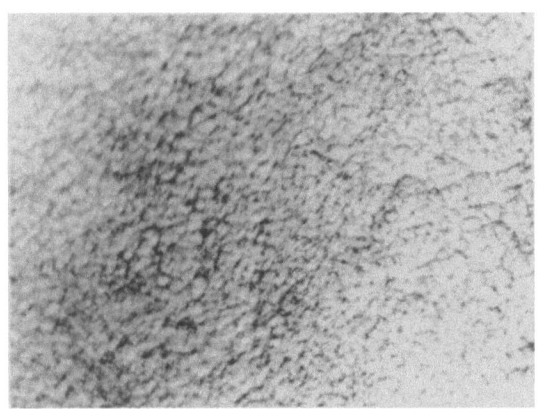

Abbildung 34
Teil aus Abb. 33, durch Erhitzen
angeschmolzene Aluminiumlegierung

Vgr. 5 x

Abbildung 31 gibt eine Eisenprobe wieder, die im Zustand der Abscheidung 6,2% Fremdstoffe enthielt. Durch die Rekristallisation bei 900° C entstand ein sehr feinkörniges Gefüge.

Die Harteisenniederschläge können beim Erhitzen auf höhere Temperatur u.U. stark verspröden, trotz eines starken Abfalls der Härte. Diese Versprödung kommt dadurch zustande, daß durch Wasserabgabe bei Einlagerung anorganischer Verbindungen oder auch durch vollkommene Zersetzung bei Einlagerung organischer Verbindungen das Eisen sich nach Erhitzen auf entsprechend hohe Temperatur vollkommen mit Mikro-, teilweise auch mit Makroporen durchzieht.

Harte Eisenniederschläge lassen sich auf verschiedenen Grundmetallen mit einwandfreier Haftfestigkeit abscheiden. Abbildung 32 zeigt einen Schnitt durch einen dicken Harteisenniederschlag auf einer Leichtmetallegierung. Man sieht, daß die Bindung zwischen Grundmetall und Auflage in jeder Hinsicht in Ordnung ist. Abbildung 33 stellt einen harten Eisenniederschlag dar, der ebenfalls auf einer Aluminiumlegierung abgeschieden wurde. Der Niederschlag wurde zur Hälfte mit einem Hammer bearbeitet, sodaß in dem Grundmetall durch jeden Hammerschlag Vertiefungen entstanden. Ein Abspringen des Niederschlags trat bei dieser Behandlung nicht ein. Die andere

Hälfte des Teiles wurde bis zum Schmelzen des Grundmetalls erhitzt. Ein blasenförmiges Aufwölben des Eisenüberzuges erfolgte dabei nicht. Der Niederschlag ist trotz der durch Anschmelzen eingetretenen Formänderungen der Oberfläche, wie bei schwacher Vergrößerung Abbildung 34 zeigt, an keiner Stelle vom Grundmetall aufgestiegen.

Zusammenfassung und Ausblick

Nach den durchgeführten Untersuchungen weisen die Harteisenniederschläge in mancher Hinsicht ein ähnliches Verhalten auf wie die Hartchromniederschläge. Die Härte erreicht die des Hartchroms. Auch die Härteänderungen durch Erwärmen sind nicht sehr verschieden von denen bei Chrom. Die Niederschläge sind schlag- und stoßfest und gegen Temperaturschwankungen unempfindlich. Es besteht die Möglichkeit der Herstellung haftfester Niederschläge größerer Dicke auf verschiedenen Metallen als Unterlage.

Die besprochenen Eigenschaften lassen jedoch noch keine Aussagen darüber zu, inwieweit das technologische Verhalten dem des Hartchroms gleichkommt und ob gegebenenfalls auf verschiedenen Gebieten der technischen Anwendung ein Harteisenniederschlag das gleiche leistet wie ein Hartchromniederschlag.

Die Härte kann z.B. nicht als Maß für den Verschleißwiderstand gelten, da für das Verschleißverhalten außer der Härte noch andere Eigenschaften wichtig sind, die den Einfluß der Härte überdecken können. Es sind deshalb Verschleißversuche an Harteisenniederschlägen anzustellen, die unter verschiedenen Abscheidungsbedingungen hergestellt wurden, und in Vergleich zu Hartchromniederschlägen zu setzen.

Die Harteisenniederschläge haben die chemischen Eigenschaften des Eisens. Bei den hohen Gitterstörungen ist sogar anzunehmen, daß das Harteisen noch etwa unedler ist als Reineisen. Keinesfalls ist aber die chemische Beständigkeit größer als die des normalen Eisens. Infolgedessen kommt von vornherein ein Harteisenniederschlag überall dort nicht in Betracht, wo neben Härte und Verschleißfestigkeit auch Rostbeständigkeit gefordert wird.

Die Eisenbäder sind im praktischen Betrieb nicht ganz angenehm. Störend ist vor allem die Neigung des zweiwertigen Eisens zur Oxydation. Das dreiwertige Eisen bleibt in den Elektrolyten nicht in Lösung, sondern bildet durch Hydrolyse das Eisen (III)-hydroxyd, das ausfällt. Die Eisenbäder haben daher die Eigenschaft, sich leicht zu trüben. Auf der Oberfläche entsteht bald eine Haut von Eisen (III)-hydroxyd. Die mit der Oxydation des zweiwertigen zu dreiwertigem Eisen verbundenen Vorgänge fördern auch stark das Haftenbleiben des entwickelten Wasserstoffs an der Kathodenoberfläche. Hierdurch entstehen die von der Vernickelung her allgemein bekannten grübchenförmigen Vertiefungen in den Niederschlägen, die "pits".

Die weiterhin durchzuführenden Versuche sollten daher auch die Abscheidungsbedingungen umfassen und die Möglichkeit ausschöpfen, die zur Zurückdrängung der Störungen durch den leichten Wertigkeitswechsel des Eisens gegeben sind.

            Prof. Dr. phil. E. R A U B
            Dr. phil. B. W U L L H O R S T , Schwäb.-Gmünd

Forschungsberichte des Wirtschafts- und Verkehrsministeriums Nordrhein-Westfalen

<u>Die Diffusionsvorgänge</u>
<u>bei verchromtem Stahl</u>

Die Chromdiffusion verdient praktisches Interesse, da sie einen Weg zeigt, eine dünne Chromschicht in eine vier bis fünfmal so dicke rostbeständige Chrom-Eisen-Legierung umzuwandeln. Das Chrom weist bei den in Frage kommenden Diffusionstemperaturen schon einen merklichen Dampfdruck auf. Es wandert von den Stellen höheren Dampfdrucks zu den Flächen niedrigeren Dampfdrucks. Auf diese Weise tritt eine ausgesprochene Oberflächendiffusion ein, durch die sich auch größere, mit Chrom nicht gedeckte Teile der Oberfläche mit einer zusammenhängenden Chrom-Eisen-Legierungsschicht überziehen. Dieser Vorgang kann soweit getrieben werden, daß bei nur partiell verchromten Teilen auf der gesamten Oberfläche ein einheitlich zusammengesetzter Chrom-Eisen-Legierungsüberzug gleicher Dicke entsteht. Diese Beobachtung bot die Möglichkeit, bei der Diffusion durch entsprechende Wärmebehandlung Poren und andere undichte Stellen in dem Überzug zu schließen und die Dickenunterschiede, welche die Chromschicht infolge der schlechten Streukraft der Chrombäder stets aufweist, auszugleichen.

Die nähere Untersuchung der Chromdiffusion war daher in mehrfacher Hinsicht technisch interessant, zumal sie erlaubte, bei Einsparung von Nikkel ohne zu stark erhöhten Aufwand an Chrom zu gleichwertigen rostbeständigen Überzügen zu gelangen.

Für die Diffusion zwischen Chrom und Eisen ist, wie von der Inkromierung her bekannt ist, die Zusammensetzung des Stahles, insbesondere sein Kohlenstoffgehalt, besonders wichtig. Die vorliegenden Untersuchungen über die Diffusion von galvanisch abgeschiedenen Chromschichten sollten sich aber nicht auf für die Chromdiffusion speziell hergestellte und geeignete Stähle, wie die IK-Stähle, beschränken, sondern es waren die sonst handelsüblichen Stahlblechsorten zu verwenden.

Der Einfluß des Kohlenstoffs äußert sich darin, daß der Kohlenstoff dem Chrom entgegenwandert und durch Bildung von Chromcarbidschichten die Chromdiffusion stark hemmt. Besonders deutlich läßt sich die Wirkung des Kohlenstoffgehaltes auf die Diffusion von galvanisch abgeschiedenen Chromschichten auf Stahl bei verchromten Messerklingen beobachten. Bei

Forschungsberichte des Wirtschafts- und Verkehrsministeriums Nordrhein-Westfalen

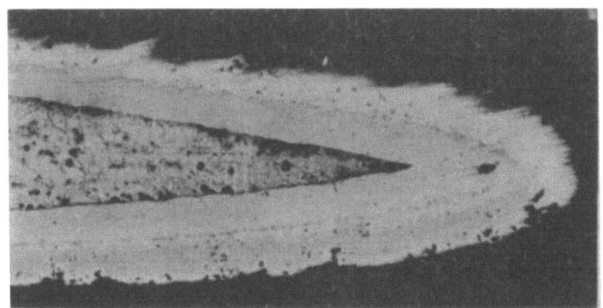

A b b i l d u n g 35
Verchromte Messerklinge
Vgr. 200 x

A b b i l d u n g 36
Schneide einer verchromten Messerklinge, 15 min lang bei 1100° C geglüht   Vgr. 150 x

diesen nimmt der Kohlenstoffgehalt von der Schneide zum Rücken hin zu. Läßt man verchromte Messerklingen durch Erhitzen auf entsprechend hohe Temperaturen mit dem Grundmetall diffundieren, so beobachtet man an der Schneide die Bildung einer starken Legierungsschicht, während die Diffusionszone nach dem Rücken der Klingen zu sehr viel schwächer wird. Dies lassen Abbildung 35 bis 37 erkennen. Abbildung 35 zeigt die verchromte Klinge ohne Wärmebehandlung. Die Abbildungen 36 und 37 geben eine Klinge nach 15 min langem Glühen bei 1100° C wieder. An der Schneide der Klinge (Abb.36), die infolge der mangelnden Tiefenwirkung der Chrombäder auch die dickste Chromauflage aufweist, sieht man unter der Chromauflage eine dicke Legierungsschicht, die eine Stärke von etwa 38 μ erreicht, die auf der Flächenmitte der Klinge nur eine Dicke von etwa 5 μ hat.

Der Kohlenstoffgehalt des Stahls bedingt auch, daß die Temperatur, bei der die Chromdiffusion vorgenommen wird, verhältnismäßig hoch liegen muß. Bei Verwendung von kohlenstoffarmen Stahlblechen setzt die Chromdiffusion bei etwa 850° C ein. Sie schreitet bei dieser Temperatur aber nur außer-

Forschungsberichte des Wirtschafts- und Verkehrsministeriums Nordrhein-Westfalen

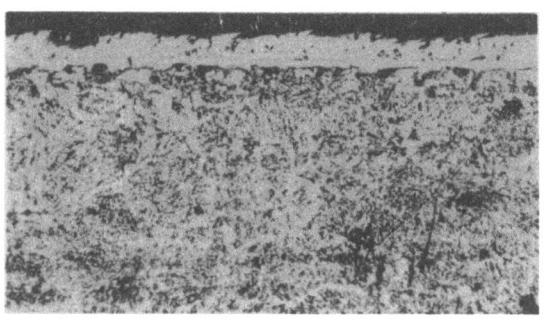

Abbildung 37

Flächenmitte einer verchromten Messerklinge,
15 min bei 1100° C geglüht   Vgr. 200 x

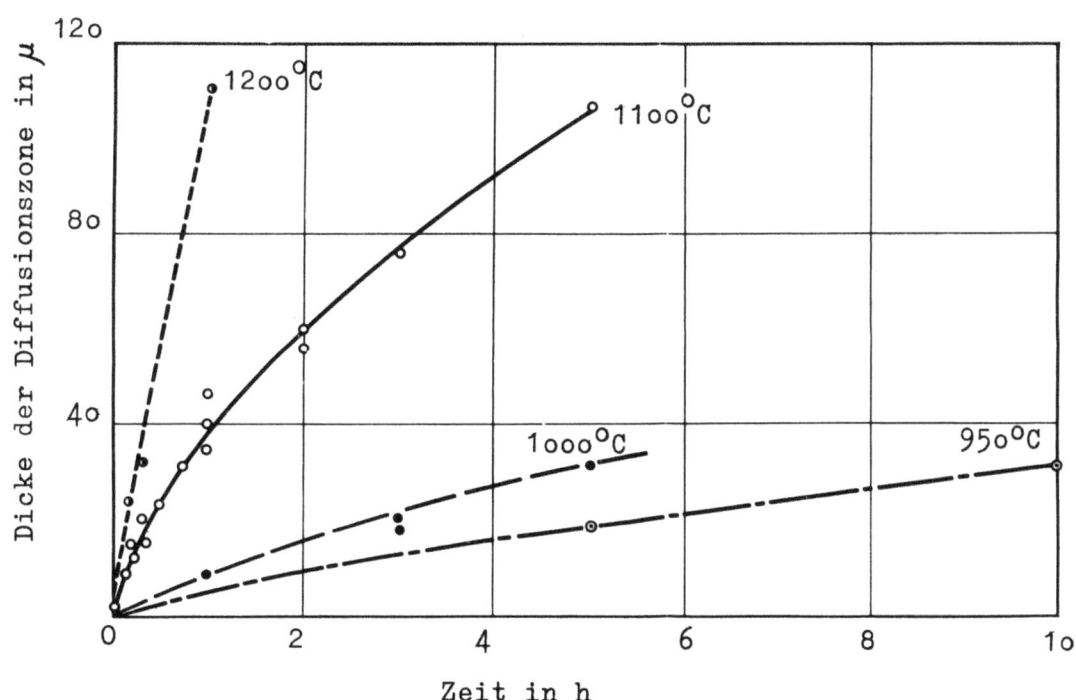

Abbildung 38

Diffusion von Chrom in Stahl in Abhängigkeit von der
Glühdauer bei verschiedenen Temperaturen

Seite 35

ordentlich langsam fort. Erst zwischen 1000° und 1200° C erreicht sie Geschwindigkeiten, die eine praktische Anwendung ermöglichen. Abbildung 38 zeigt das Dickenwachstum der Diffusionszone bei Temperaturen von 950° bis 1200° C in Abhängigkeit von der Zeit. Aus den Kurven von Abbildung 38 ersieht man, daß bei 950° und 1000° C die Dicke der durch Diffusion entstandenen Legierungsschicht nur sehr langsam anwächst. Bei 1100° und erst recht bei 1200° C ist das Dickenwachstum dagegen sehr groß. Nach einstündiger Glühdauer ist die Dicke der Diffusionszone bei 1200° C 110 μ, bei 1100° C 40 μ, bei 1000° C dagegen erst 10 μ und bei 950° C 5 μ.

Gleichzeitig bildet sich auf der unverchromten Seite der Bleche eine gleichdicke Chrom-Eisen-Legierung durch die Oberflächendiffusion des Chroms.

Bei der erforderlichen hohen Glühtemperatur ist aber das Chrom schon sehr empfindlich gegenüber einem Sauerstoffgehalt der Atmosphäre. In diesem Temperaturgebiet ist es nicht mehr zunderungsbeständig, sondern oxydiert sehr rasch unter Bildung von Chrom(III)-oxyd. Schon bei geringem Sauerstoffgehalt, wie er in einem schlechten Vakuum von 1 bis 1/10 mm herrscht, bleibt die Oberflächendiffusion des Chroms vollkommen aus, weil das in die Gasphase übergehende Chrom oxydiert wird und so aus der Gasphase ausgeschieden wird. Die Folge davon ist, daß auch bei langer Glühdauer und hoher Glühtemperatur ein Überziehen vorher mit Chrom nicht bedeckter Stellen ausbleibt. Ein zweiter Nachteil ist die Tatsache, daß sich die Chromauflage selbst durch Sauerstoffreste der Atmosphäre oberflächlich oxydiert und dadurch ein unschönes Aussehen bekommt. Durch Beizen zur Beseitigung der oxydierten Oberfläche wird die Oberfläche jedoch immer leicht warzig. Bei dem nachträglichen Polieren treten hohe Polierverluste auf, die das Verfahren für die Praxis unbrauchbar machen.

Außer Sauerstoff selbst sind auch sauerstoffhaltige, gasförmige Verbindungen schädlich, weil sie ähnlich wie Sauerstoff bei den Glühtemperaturen mit dem Chrom reagieren, z.B. Wasserdampf.

Aus den dargelegten Gründen ist es notwendig, die Glühbedingungen so einzustellen, daß eine Oxydation des Chroms ausgeschlossen ist. Dies gelingt unter Verwendung von sehr reinem Stickstoff, Wasserstoff und einem Vakuum von wenigstens 10^{-3} cm. Versuche zeigten, daß es für das Ergebnis gleichgültig ist, ob in Vakuum oder in indifferenter Atmosphäre gearbeitet wird. Bei Verwendung von Wasserstoff und Stickstoff ist darauf zu achten, daß die Gase rein und trocken sind, weil - wie schon erwähnt - auch in Gegenwart von Wasserdampf eine Oxydation von Chrom eintreten kann. Es gelingt bei den hohen Arbeitstemperaturen nicht mehr, eine einwandfreie Oberfläche zu erhalten, wenn die Glühung mit Fett und Oel behafteter Teile unter Luftabschluß vorgenommen wird. So behandelte Teile zeigten nach der Diffusionsglühung eine dunkle, stark angegriffene Oberfläche, die unbrauchbar war. Auch Glühen in Leuchtgas erwies sich als ungeeignet.

Bei der Inkromierung wird das flüchtige Chrom(II)-chlorid als Chromüberträger verwendet. Es wäre von Interesse zu prüfen, wie sich das Chrom(II)-chlorid und auch andere Chloride auf die Diffusion, insbesondere die Oberflächendiffusion, bei verchromten Stahl in Gegenwart von Sauerstoff auswirken. Zu diesem Zweck wurden verchromte Teile in Gegenwart von Chloriden in verschiedenen Atmosphären geglüht. Die Versuche zeigten zunächst, daß durch Chrom(II)-chlorid die Oberflächendiffusion stark beschleunigt wird. In gleicher Richtung wirkt auch Eisen(II)-chlorid. Bei Zugaben verschiedener Mengen dieser Chloride beobachtet man, daß die Wirkung schon bei geringem Zusatz vorhanden ist und sich bei Erhöhung der Chloridmengen nicht mehr wesentlich verstärkt.

Die beschleunigende Wirkung der Chloride auf die Oberflächendiffusion beruht danach auf einer Umsetzung zwischen Eisen- und Chromchlorid bzw. Eisen(II)-chlorid und Chrom nach der Gleichung

$$CrCl_2 + Fe = Cr + FeCl_2$$

Diese Reaktion verläuft von links nach rechts, wo Chrom(II)-chlorid und Eisen miteinander in Kontakt sind, von rechts nach links dagegen dort, wo Eisen(II)-chlorid mit Chrom zusammentrifft. Die Reaktion geht solange weiter, bis auf der gesamten Oberfläche die gleich dicke und gleich zusammengesetzte Chrom-Eisen-Legierung vorliegt. Wie Eisen(II)-chlorid und Chrom(II)-chlorid wirken auch Eisen(III)-chlorid und Chrom(III)-chlorid sowie Aluminiumchlorid als Chromüberträger. Sie führen jedoch zu einem sehr starken Angriff der Chromauflage, der sich darin äußert, daß die Chromoberfläche bei Abbrechen der Behandlung vor vollkommener Diffusion sehr stark aufgerauht und porig ist. Ammonium- und Zinkchlorid beschleunigen die Oberflächendiffusion des Chroms ebenfalls, wenn auch weit weniger als die vorerwähnten Chloride. Alkalichloride sind praktisch ohne Einfluß.

Für die Diffusion in Gegenwart von Chloriden ist die weitgehende Zurückdrängung des Einflusses des Sauerstoffs charakteristisch. In Gegenwart von Eisen(II)-chlorid, Chrom(II)-chlorid und den Chloriden des dreiwertigen Eisens, Chroms und Aluminiums tritt die Oberflächendiffusion auch dann noch ein, wenn ohne besonderen Oxydationsschutz in ruhender Luft gearbeitet wird. Gegenüber sauerstofffreier Atmosphäre ist sie aber stark verzögert.

Versuche mit dem Ziel, die Mitwirkung von Chloriden für die rasche Herstellung porenfreier, gleich zusammengesetzter und gleich dicker Chrom-Eisen-Legierungsschichten auf galvanisch verchromten Stahlteilen auszunutzen, brachten bisher nicht den gewünschten praktischen Erfolg. Es erwies sich nicht als schwierig, auch ohne sorgfältige Fernhaltung von Sauerstoff Chrom-Eisen-Legierungen gleicher Zusammensetzung und Dicke auf der ganzen Oberfläche unter Einschluß der ursprünglich nicht verchromten Flächen zu gewinnen. Die Oberflächeneigenschaften der diffundierten Proben ließen jedoch durchweg zu wünschen übrig. Wurde die Glühung vor vollkommener Diffusion abgebrochen, sodaß sich auf der Oberfläche noch undiffundiertes Chrom befand, so war die Oberfläche stets stark aufgerauht und porig bzw. warzig. Eine brauchbare Politur ließ sich nicht herstellen. Beim Polieren mußte die Oberfläche so stark abgetragen werden, daß die Erhaltung einer rostbeständigen Legierungsschicht auf der ganzen Oberfläche gefährdet war. Wurde die gesamte Chromschicht bei der Wärmebehandlung in eine Chrom-Eisen-Legierung mit einem mittleren Gehalt von 20 bis 30% Cr umgewandelt, so war die Oberfläche zwar besser, jedoch noch nicht einwandfrei. Eine kräftigere Nachpolitur war immernoch notwendig.

Bei der Verwendung von Chloriden als Chromüberträger war besonders darauf zu achten, daß das feste Chlorid nicht in unmittelbarer Berührung mit den verchromten Teilen war, da sonst ein zu starker Angriff der Oberfläche an diesen Stellen eintrat.

Nach den unter weitgehender Abänderung der Arbeitsbedingungen durchgeführten Untersuchungen besteht nicht viel Aussicht, für die Technik brauchbare Ergebnisse bei Verwendung von Chloriden als Beschleuniger für die Oberflächendiffusion von verchromtem Stahl zu gewinnen.

In weiteren Versuchen wurde der Einfluß von galvanischen Kupfer- und Nickelzwischenschichten, welche vor dem Chrom auf dem Stahlblech abgeschieden wurden, untersucht.

Von den beiden Metallen bildet das Nickel mit Chrom und Eisen bei hoher Temperatur eine lückenlose bzw. weitreichende Mischkristallreihe. In den Systemen Kupfer-Chrom und Eisen-Chrom ist die Mischkristallbildung im festen Zustande dagegen klein. Danach war zu erwarten, daß Kupfer die Chromdiffusion verzögert. Die Versuche bestätigten die Erwartung. Bei einer zwischenverkupferten Probe mit etwa 5 μ dicker Kupferzwischenschicht und 20 μ dicker Chromauflage beobachtete man nach 1/2stündigem Glühen auf 900° C lediglich eine stärkere Verzahnung der Kupferzwischenschicht mit dem Eisen durch Diffusion von Kupfer in Eisen (Abb. 39). Chrom und Kupfer ließen dagegen keinerlei Veränderungen der Grenzzone von Chrom und Kupfer durch Diffusion erkennen.

Bei 1100° C war eine Verlagerung der Kupferzwischenschicht festzustellen. Durch die dünne Kupferzwischenschicht war Chrom diffundiert und hatte sich mit dem Eisen legiert. Wie Abbildung 40 erkennen läßt, tritt ein dreischichtiges System auf. Außen befindet sich Chrom, darunter die Kupferschicht und unmittelbar auf dem Stahl ist eine Eisen-Chrom-Legierungsschicht festzustellen.

Erst nach 1/2stündigem Glühen bei 1200°C war eine einheitliche Legierungsauflage gebildet. Die Kupferzwischenschicht war nicht mehr nachzuweisen. Wurden dickere Kupferzwischenschichten als in dem vorliegenden Beispiel verwendet, so beobachtete man auch bei 1200° C neben einer chromreichen noch eine kupferreiche Legierungsschicht, wenn das bei dieser Temperatur lange flüssige Kupfer nicht ausgeflossen war.

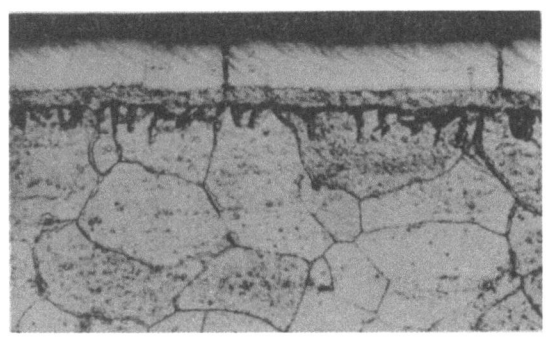

A b b i l d u n g 39
Verkupfertes und verchromtes
Eisenblech 30 min bei 900° C
geglüht   Vgr. 500 x

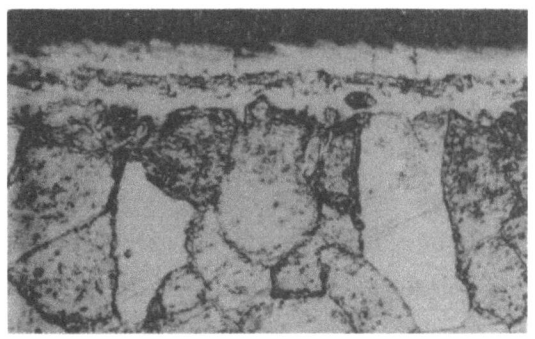

A b b i l d u n g 40
Verkupfertes und verchromtes
Eisenblech 30 min bei 1100°C
geglüht   Vgr. 500 x

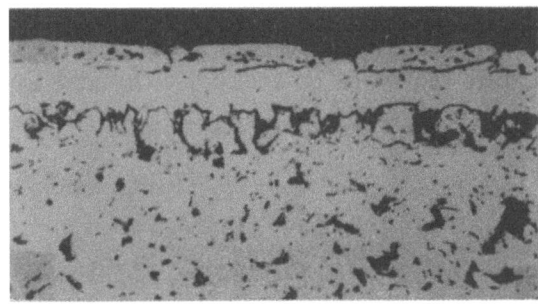 

Abbildung 41
Vernickeltes und verchromtes
Eisenblech 30 min bei 1000°C
geglüht   Vgr. 300 x

Abbildung 42
Vernickeltes und verchromtes
Eisenblech 30 min bei 1100°C
geglüht   Vgr. 300 x

Kupfer bildet also für Chrom und Eisen eine diffusionshemmende Zwischenschicht, wie zu erwarten war. Bei Temperaturen oberhalb des Schmelzpunktes des Kupfers kann durch Ausschmelzen von Kupfer die Diffusion zwischen Eisen und Chrom wieder eintreten.

Bei Verwendung von Nickelzwischenschichten trat einerseits zwischen Nickel und Eisen und andererseits zwischen Nickel und Chrom Diffusion ein. Diese führte schon bei 1000° C, wie aus Abbildung 41 zu ersehen ist, zu stärkeren Legierungsschichten. Bei einer mittleren Dicke der Chromauflage von 20 μ ist die Chromschicht bei 1100° C schon praktisch verschwunden (Abb. 42). Der Aufbau der Diffusionszone ist aber noch nicht einheitlich.

Bei Nickelzwischenschichten verläuft die Diffusion danach wesentlich anders als bei Kupferzwischenschichten. Es diffundieren sowohl Nickel und Eisen als auch Nickel und Chrom miteinander. Allmählich treten dann in steigendem Maße ternäre Mischkristalle auf. Bei entsprechenden Schichtdickenverhältnissen der galvanisch abgeschiedenen Nickel- und Chromauflagen ist aber u.U. eine länger dauernde Glühung auf 1200°C erforderlich, um gleichmäßig zusammengesetzte ternäre Mischkristalle zu erhalten.

Abgesehen davon, daß aus anderen Gründen die Anwendung von Nickelzwischenschichten auszuscheiden ist, bringt sie für die Chromdiffusion keinen Vorteil.

Zusammenfassung und Ausblick

Die technische Anwendung der Diffusion galvanischer Chromschichten auf Stahl hat Erfolgsaussichten für die Umwandlung dünner nicht rostbeständiger Chromauflagen auf Stahl in dickere, porenfreie rostbeständige Chrom-Eisen-Legierungsschichten, die ähnlich der Vernicklung und Verchromung neben dem Rostschutz auch eine dekorative Wirkung ausüben. Bei der erforderlichen hohen Temperatur während der Chromdiffusion ist von vornherein eine Beschränkung auf Gegenstände notwendig, welche die Temperatur ohne schädliche Gefügeänderungen oder sonstige Fehler ertragen.

Zur Verhinderung der Oxydation des Chroms beim Glühen muß entweder in einem guten Vakuum oder in einer sauberen und trockenen indifferenten Atmosphäre (Wasserstoff oder Stickstoff) gearbeitet werden. Damit stellt das Verfahren verhältnismäßig hohe Ansprüche in apparativer Hinsicht. Groß volumige, sperrige Teile müssen ausscheiden, da für sie die Kosten der Einrichtung sich kaum lohnen dürften.

Durch weitere Versuche ist zu klären, ob die Anwendung von Chloriden zur Beschleunigung der Oberflächendiffusion nicht doch noch ein Mittel zur apparativen Vereinfachung bietet, wobei allerdings zu berücksichtigen ist, daß die Anwendung von Chloriden bei hoher Temperatur immer besonders hohe Ansprüche an die chemische Beständigkeit des Gerätematerials stellt.

Weiterhin bedarf noch die Frage einer eingehenden Prüfung, inwieweit es möglich ist, durch eine kurzzeitige Wärmebehandlung bei ausreichender Temperatur in Poren und anderen Fehlstellen nicht rostbeständiger Chromüberzüge eine dünne Chrom-Eisen-Legierungsschicht zu erzeugen, die den Rostschutz steigert, ohne aber durch einen stärkeren Angriff der Chromauflage selbst die dekorative Wirkung herabzusetzen.

Prof. Dr. phil. E. R A U B , Schwäbisch-Gmünd

FORSCHUNGSBERICHTE DES WIRTSCHAFTS- UND VERKEHRSMINISTERIUMS NORDRHEIN-WESTFALEN

Herausgegeben von Ministerialdirektor Prof. Leo Brandt

Heft 1:
Prof. Dr.-Ing. Eugen Flegler, Aachen,
Untersuchungen oxydischer Ferromagnet-Werkstoffe

Heft 2:
Prof. Dr. phil. Walter Fuchs, Aachen,
Untersuchungen über absatzfreie Teeröle

Heft 3:
Techn.-Wissenschaftl. Büro für die Bastfaserindustrie, Bielefeld,
Untersuchungsarbeiten zur Verbesserung des Leinenwebstuhls

Heft 4:
Prof. Dr. E. A. Müller u. Dipl.-Ing. H. Spitzer, Dortmund,
Untersuchungen über die Hitzebelastung in Hüttenbetrieben

Heft 5:
Dipl.-Ing. Werner Fister, Aachen,
Prüfstand der Turbinenuntersuchungen

Heft 6:
Prof. Dr. phil. Walter Fuchs, Aachen,
Untersuchungen über die Zusammensetzung und Verwendbarkeit von Schwelteerfraktionen

Heft 7:
Prof. Dr. phil. Walter Fuchs, Aachen,
Untersuchungen über emsländisches Petrolatum

Heft 8:
Maria Elisabeth Meffert und Heinz Stratmann, Essen
Algen-Großkulturen im Sommer 1951

Heft 9:
Techn.-Wissenschaftl. Büro für die Bastfaserindustrie, Bielefeld,
Untersuchungen über die zweckmäßige Wicklungsart von Leinengarnkreuzspulen unter Berücksichtigung der Anwendung hoher Geschwindigkeiten des Garnes
Vorversuche für Zetteln und Schären von Leinengarnen auf Hochleistungsmaschinen

Heft 10:
Prof. Dr. Wilhelm Vogel, Köln,
„Das Streifenpaar" als neues System zur mechanischen Vergrößerung kleiner Verschiebungen und seine technischen Anwendungsmöglichkeiten

Heft 11:
Laboratorium für Werkzeugmaschinen und Betriebslehre, Technische Hochschule Aachen,
1. Untersuchungen über Metallbearbeitung im Fräsvorgang mit Hartmetallwerkzeugen und negativem Spanwinkel
2. Weiterentwicklung des Schleifverfahrens für die Herstellung von Präzisionswerkstücken unter Vermeidung hoher Temperaturen
3. Untersuchung von Oberflächenveredlungsverfahren zur Steigerung der Belastbarkeit hochbeanspruchter Bauteile

Heft 12:
Elektrowärme-Institut, Langenberg (Rhld.),
Induktive Erwärmung mit Netzfrequenz

Heft 13:
Techn.-Wissenschaftl. Büro für die Bastfaserindustrie, Bielefeld,
Das Naßspinnen von Bastfasergarnen mit chemischen Zusätzen zum Spinnbad

Heft 14:
Forschungsstelle für Acetylen, Dortmund,
Untersuchungen über Aceton als Lösungsmittel für Acetylen

Heft 15:
Wäschereiforschung Krefeld,
Trocknen von Wäschestoffen

Heft 16:
Max-Planck-Institut für Kohlenforschung, Mülheim a. d. Ruhr,
Arbeiten des MPI für Kohlenforschung

Heft 17:
Ingenieurbüro Herbert Stein, M. Gladbach,
Untersuchung der Verzugsvorgänge in den Streckwerken verschiedener Spinnereimaschinen. 1. Bericht: Vergleichende Prüfung mit verschiedenen Dickenmeßgeräten

Heft 18:
Wäschereiforschung Krefeld,
Grundlagen zur Erfassung der chemischen Schädigung beim Waschen

Heft 19:
Techn.-Wissenschaftl. Büro für die Bastfaserindustrie, Bielefeld,
Die Auswirkung des Schlichtens von Leinengarnketten auf den Verarbeitungswirkungsgrad, sowie die Festigkeits- und Dehnungsverhältnisse der Garne und Gewebe

Heft 20:
Techn.-Wissenschaftl. Büro für die Bastfaserindustrie, Bielefeld,
Trocknung von Leinengarnen I
Vorgang und Einwirkung auf die Garnqualität

Heft 21:
Techn.-Wissenschaftl. Büro für die Bastfaserindustrie, Bielefeld,
Trocknung von Leinengarnen II
Spulenanordnung und Luftführung beim Trocknen von Kreuzspulen

Heft 22:
Techn.-Wissenschaftl. Büro für die Bastfaserindustrie, Bielefeld,
Die Reparaturanfälligkeit von Webstühlen

Heft 23:
Institut für Starkstromtechnik, Aachen,
Rechnerische und experimentelle Untersuchungen zur Kenntnis der Metadyne als Umformer von konstanter Spannung auf konstanten Strom

Heft 24:
Institut für Starkstromtechnik, Aachen,
Vergleich verschiedener Generator-Metadyne-Schaltungen in bezug auf statisches Verhalten

Heft 25:
Gesellschaft für Kohlentechnik mbH., Dortmund-Eving,
Struktur der Steinkohlen und Steinkohlen-Kokse

Heft 26:
Techn.-Wissenschaftl. Büro für die Bastfaserindustrie, Bielefeld,
Vergleichende Untersuchungen zweier neuzeitlicher Ungleichmäßigkeitsprüfer für Bänder und Garne hinsichtlich ihrer Eignung für die Bastfaserspinnerei

Heft 27:
Prof. Dr. E. Schratz, Münster,
Untersuchungen zur Rentabilität des Arzneipflanzenanbaues
Römische Kamille, Anthemis nobilis L.

Heft: 28:
Prof. Dr. E. Schratz, Münster,
Calendula officinalis L.
Studien zur Ernährung, Blütenfüllung und Rentabilität der Drogengewinnung

Heft 29:
Techn.-Wissenschaftl. Büro für die Bastfaserindustrie, Bielefeld,
Die Ausnützung der Leinengarne in Geweben

Heft 30:
Gesellschaft für Kohlentechnik mbH., Dortmund-Eving,
Kombinierte Entaschung und Verschwelung von Steinkohle; Aufarbeitung von Steinkohlenschlämmen zu verkokbarer oder verschwelbarer Kohle

Heft 31:
Dipl.-Ing. Störmann, Essen,
Messung des Leistungsbedarfs von Doppelsteg-Kettenförderern

Heft 32:
Techn.-Wissenschaftl. Büro für die Bastfaserindustrie, Bielefeld,
Der Einfluß der Natriumchloridbleiche auf Qualität und Verwebbarkeit von Leinengarnen und die Eigenschaften der Leinengewebe unter besonderer Berücksichtigung des Einsatzes von Schützen- und Spulenwechselautomaten in der Leinenweberei

Heft 33:
Kohlenstoffbiologische Forschungsstation e. V.,
Eine Methode zur Bestimmung von Schwefeldioxyd und Schwefelwasserstoff in Rauchgasen und in der Atmosphäre

Heft 34:
Textilforschungsanstalt Krefeld,
Quellungs- und Entquellungsvorgänge bei Faserstoffen

Heft 35:
Professor Dr. Wilhelm Kast, Krefeld,
Feinstrukturuntersuchungen an künstlichen Zellulosefasern verschiedener Herstellungsverfahren

Heft 36:
Forschungsinstitut der feuerfesten Industrie, Bonn,
Untersuchungen über die Trocknung von Rohton. Untersuchungen über die chemische Reinigung von Silika- und Schamotte-Rohstoffen mit chlorhaltigen Gasen

Heft 37:
Forschungsinstitut der feuerfesten Industrie, Bonn,
Untersuchungen über den Einfluß der Probenvorbereitung auf die Kaltdruckfestigkeit feuerfester Steine

Heft 38:
Forschungsstelle für Acetylen, Dortmund,
Untersuchungen über die Trocknung von Acetylen zur Herstellung von Dissousgas

Heft 39:
Forschungsgesellschaft Blechverarbeitung e. V., Düsseldorf,
Untersuchungen an prägegemusterten und vorgelochten Blechen

Heft 40:
Landesgeologe Dr.-Ing. W. Wolff, Amt für Bodenforschung, Krefeld,
Untersuchungen über die Anwendbarkeit geophysikalischer Verfahren zur Untersuchung von Spateisengängen im Siegerland

Heft 41:
Techn.-Wissenschaftl. Büro für die Bastfaserindustrie, Bielefeld,
Untersuchungsarbeiten zur Verbesserung des Leinenwebstuhles II

Heft 42:
Professor Dr. Burckhardt Helferich, Bonn,
Untersuchungen über Wirkstoffe — Fermente — in der Kartoffel und die Möglichkeit ihrer Verwendung

Heft 43:
Forschungsgesellschaft Blechverarbeitung e. V., Düsseldorf,
Forschungsergebnisse über das Beizen von Blechen

Heft 44:
Arbeitsgemeinschaft für praktische Dehnungsmessung, Düsseldorf,
Eigenschaften und Anwendungen von Dehnungsmeßstreifen

Heft 45:
Losenhausenwerk Düsseldorfer Maschinenbau AG., Düsseldorf,
Untersuchungen von störenden Einflüssen auf die Lastgrenzenanzeige von Dauerschwingprüfmaschinen

Heft 46:
Professor Dr. phil. W. Fuchs, Aachen,
Untersuchungen über die Aufbereitung von Wasser für die Dampferzeugung in Benson-Kesseln

Heft 47:
Prof. Dr.-Ing. habil. Karl Krekeler, Aachen,
Versuche über die Anwendung der induktiven Erwärmung zum Sintern von hochschmelzenden Metallen sowie zur Anlegierung und Vergütung von aufgespritzten Metallschichten mit dem Grundwerkstoff.

Heft 48:
Max-Planck-Institut für Eisenforschung, Düsseldorf,
Spektrochemische Analyse der Gefügebestandteile in Stählen nach ihrer Isolierung

Heft 49:
Max-Planck-Institut für Eisenforschung, Düsseldorf,
Untersuchungen über Ablauf der Desoxydation und die Bildung von Einschlüssen in Stählen

Heft 50:
Max-Planck-Institut für Eisenforschung, Düsseldorf,
Flammenspektralanalytische Untersuchung der Ferritzusammensetzung in Stählen

Heft 51:
Verein zur Förderung von Forschungs- und Entwicklungsarbeiten in der Werkzeugindustrie e. V., Remscheid,
Untersuchungen an Kreissägeblättern für Holz, Fehler- und Spannungsprüfverfahren

Heft 52:
Forschungsstelle für Azetylen, Dortmund,
Untersuchungen über den Umsatz bei der explosiblen Zersetzung von Azetylen
    a) Zersetzung von gasförmigem Azetylen,
    b) Zersetzung von an Silikagel adsorbiertem Azetylen

Heft 53:
Professor Dr.-Ing. H. Opitz, Aachen,
Reibwert- und Verschleißmessungen an Kunststoffgleitführungen für Werkzeugmaschinen

Heft 54:
Professor Dr.-Ing. habil. F. A. F. Schmidt, Aachen,
Schaffung von Grundlagen für die Erhöhung der spez. Leistung und Herabsetzung des spez. Brennstoffverbrauches bei Ottomotoren mit Teilbericht über Arbeiten an einem neuen Einspritzverfahren

Heft 55:
Forschungsgesellschaft Blechverarbeitung, Düsseldorf,
Chemisches Glänzen von Messing und Neusilber

Heft 56:
Forschungsgesellschaft Blechverarbeitung, Düsseldorf,
Untersuchungen über einige Probleme der Behandlung von Blechoberflächen

Heft 57:
Prof. Dr.-Ing. habil. F. A. F. Schmidt, Aachen,
Untersuchungen zur Erforschung des Einflusses des chemischen Aufbaues des Kraftstoffes auf sein Verhalten im Motor und in Brennkammern von Gasturbinen.

Heft 58:
Gesellschaft für Kohlentechnik m. b. H., Dortmund,
Herstellung und Untersuchung von Steinkohlenschwelteer.

VERÖFFENTLICHUNGEN DER ARBEITSGEMEINSCHAFT FÜR FORSCHUNG DES LANDES NORDRHEIN-WESTFALEN

Im Auftrage des Ministerpräsidenten Karl Arnold
Herausgegeben von Ministerialdirektor Prof. Leo Brandt

Heft 1:
Prof. Dr.-Ing. Friedrich Seewald, Technische Hochschule Aachen,
Neue Entwicklungen auf dem Gebiete der Antriebsmaschinen
Prof. Dr.-Ing. Friedrich A. F. Schmidt, Technische Hochschule Aachen,
Technischer Stand und Zukunftsaussichten der Verbrennungsmaschinen, insbesondere der Gasturbinen
Dr.-Ing. R. Friedrich, Siemens-Schuckert-Werke A.-G., Mülheimer Werk,
Möglichkeiten und Voraussetzungen der industriellen Verwertung der Gasturbine

Heft 2:
Prof. Dr.-Ing. Wolfgang Riezler, Universität Bonn,
Probleme der Kernphysik
Prof. Dr. phil. Fritz Micheel, Universität Münster,
Isotope als Forschungsmittel in der Chemie und Biochemie

Heft 3:
Prof. Dr. med. Emil Lehnartz, Universität Münster,
Der Chemismus der Muskelmaschine
Prof. Dr. med. Gunther Lehmann, Direktor des Max-Planck-Instituts für Arbeitsphysiologie, Dortmund,
Physiologische Forschung als Voraussetzung der Bestgestaltung der menschlichen Arbeit
Prof. Dr. Heinrich Kraut, Max-Planck-Institut für Arbeitsphysiologie, Dortmund,
Ernährung und Leistungsfähigkeit

Heft 4:
Prof. Dr. Franz Wever, Max-Planck-Institut für Eisenforschung, Düsseldorf,
Aufgaben der Eisenforschung
Prof. Dr.-Ing. Hermann Schenck, Technische Hochschule Aachen,
Entwicklungslinien des deutschen Eisenhüttenwesens
Prof. Dr.-Ing. Max Haas, Techn. Hochschule Aachen,
Wirtschaftliche und technische Bedeutung der Leichtmetalle und ihre Entwicklungsmöglichkeiten

Heft 5:
Prof. Dr. med. Walter Kikuth, Medizinische Akademie Düsseldorf,
Virusforschung
Prof. Dr. Rolf Danneel, Universität Bonn,
Fortschritte der Krebsforschung
Prof. Dr. med. Dr. phil. W. Schulemann, Univ. Bonn,
Wirtschaftliche und organisatorische Gesichtspunkte für die Verbesserung unserer Hochschulforschung

Heft 6:
Prof. Dr. Walter Weizel, Institut für theoretische Physik, Bonn,
Die gegenwärtige Situation der Grundlagenforschung in der Physik
Prof. Dr. Siegfried Strugger, Universität Münster,
Das Duplikantenproblem in der Biologie
Prof. Dr. Rolf Danneel, Universität Bonn,
Über das Verhalten der Mitochondrien bei der Mitose der Mesenchymzellen des Hühner-Embryos
Direktor Dr. Fritz Gummert, Ruhrgas A.G., Essen,
Überlegungen zu den Faktoren Raum und Zeit im biologischen Geschehen und Möglichkeiten einer Nutzanwendung

Heft 7:
Prof. Dr.-Ing. August Götte, Technische Hochschule Aachen,
Steinkohle als Rohstoff und Energiequelle
Prof. Dr. e. h. Karl Ziegler, Max-Planck-Institut für Kohlenforschung Mülheim a. d. Ruhr,
Über Arbeiten des Max-Planck-Instituts für Kohlenforschung

Heft 8:
Prof. Dr.-Ing. Wilhelm Fucks, Technische Hochschule Aachen,
Die Naturwissenschaft, die Technik und der Mensch
Prof. Dr. sc. pol. Walther Hoffmann, Universität Münster,
Wirtschaftliche und soziologische Probleme des technischen Fortschritts

Heft 9:
Prof. Dr.-Ing. Franz Bollenrath, Technische Hochschule Aachen,
Zur Entwicklung warmfester Werkstoffe
Dr. Heinrich Kaiser, Staatl. Materialprüfungsamt Dortmund,
Stand spektralanalytischer Prüfverfahren und Folgerung für deutsche Verhältnisse

Heft 10:
Prof. Dr. Hans Braun, Universität Bonn,
Möglichkeiten und Grenzen der Resistenzzüchtung
Prof. Dr.-Ing. Carl Heinrich Dencker, Universität Bonn,
Der Weg der Landwirtschaft von der Energieautarkie zur Fremdenergie

Heft 11:
Prof. Dr.-Ing. Herwart Opitz, Technische Hochschule Aachen,
Entwicklungslinien der Fertigungstechnik in der Metallbearbeitung
Prof. Dr.-Ing. Karl Krekeler, Technische Hochschule Aachen,
Stand und Aussichten der schweißtechnischen Fertigungsverfahren

Heft: 12
Dr. Hermann Rathert, Mitglied des Vorstandes der Vereinigten Glanzstoff-Fabriken A.-G., Wuppertal-Elberfeld,
Entwicklung auf dem Gebiet der Chemiefaser-Herstellung
Prof. Dr. Wilhelm Weltzien, Direktor der Textilforschungsanstalt Krefeld,
Rohstoff und Veredlung in der Textilwirtschaft

Heft: 13
Dr.-Ing. e. h. Karl Herz, Chefingenieur im Bundesministerium für das Post- und Fernmeldewesen Frankfurt a. Main,
Die technischen Entwicklungstendenzen im elektrischen Nachrichtenwesen
Ministerialdirektor Dipl.-Ing. Leo Brandt, Düsseldorf,
Navigation und Luftsicherung

Heft 14:
Prof. Dr. Burckhardt Helferich, Universität Bonn,
Stand der Enzymchemie und ihre Bedeutung
Prof. Dr. med. Hugo W. Knipping, Direktor der Med. Universitätsklinik Köln,
Ausschnitt aus der klinischen Carcinomforschung am Beispiel des Lungenkrebses

Heft 15:
Prof. Dr. Abraham Esau, Technische Hochschule Aachen,
Die Bedeutung von Wellenimpulsverfahren in Technik und Natur
Prof. Dr.-Ing. Eugen Flegler, Technische Hochschule Aachen,
Die ferromagnetischen Werkstoffe in der Elektrotechnik und ihre neueste Entwicklung

Heft 16:
Prof. Dr. rer. pol. Rudolf Seyffert, Universität Köln,
Die Problematik der Distribution
Prof. Dr. rer. pol. Theodor Beste, Universität Köln,
Der Leistungslohn

Heft 17:
Prof. Dr.-Ing. Friedrich Seewald, Technische Hochschule Aachen,
Die Flugtechnik und ihre Bedeutung für den allgemeinen technischen Fortschritt
Prof. Dr.-Ing. Edouard Houdremont, Essen,
Art und Organisation der Forschung in einem Industriekonzern

Heft 18:
Prof. Dr. med. Dr. phil. W. Schulemann, Universität Bonn,
Theorie und Praxis pharmakologischer Forschung
Prof. Dr. Wilhelm Groth, Direktor des Physikalisch-Chemischen Instituts, Universität Bonn,
Technische Verfahren zur Isotopentrennung

Heft 19:
Dipl.-Ing. Kurt Traenckner, Stellvertr. Vorstandsmitglied der Ruhrgas-A.G., Essen,
Entwicklungstendenzen der Gaserzeugung

Heft 21:
Prof. Dr. phil. Robert Schwarz, Aachen,
Wesen und Bedeutung der Silicium-Chemie
Prof. Dr. Kurt Alder, Universität Köln,
Fortschritte in der Synthese von Kohlenstoffverbindungen

Heft 21 a
Jahresfeier der Arbeitsgemeinschaft für Forschung des Landes Nordrhein-Westfalen am 21. 5. 1952 in Düsseldorf mit Ansprachen des Herrn Bundespräsidenten Professor Dr. Theodor Heuss, des Herrn Ministerpräsidenten Arnold, Frau Kultusminister Teusch, der Herren Professor Dr. Hahn, Professor Dr. Strugger, Vizepräsident Dobbert, Professor Dr. Richter, Professor Dr. Fucks.

Heft 22:
Prof. Dr. Johannes von Allesch, Universität Göttingen,
Die Bedeutung der Psychologie im öffentlichen Leben
Prof. Dr. med. Otto Graf, Max-Planck-Institut für Arbeitsphysiologie, Dortmund,
Triebfedern menschlicher Leistung

Heft 23:
Prof. Dr. phil. Dr. jur. h. c. Bruno Kuske, Universität Köln,
Probleme der Raumforschung
Prof. Dr. Dr.-Ing. e. h. Prager,
Städtebau und Landesplanung

Heft 23 a:
M. Zvegintzov, Wissenschaftliche Forschung und die Auswertung ihrer Ergebnisse. Ziel und Tätigkeit der National Research Development Corporation
Dr. Alexander King, Department of Scientific & Industrial Research, London,
Wissenschaft und internationale Beziehungen

Heft 24:
Prof. Dr. Rolf Danneel, Universität Bonn,
Über die Wirkungsweise der Erbfaktoren
Prof. Dr. K. Herzog, Medizinische Akademie Düsseldorf,
Bewegungsbedarf der menschlichen Gliedmaßengelenke bei der Berufsarbeit

Heft 25:
Prof. Dr. O. Haxel, Heidelberg,
Energiegewinnung aus Kernprozessen
Dr. Dr. Max Wolf, Düsseldorf,
Gegenwartsprobleme der energiewirtschaftlichen Forschung

Heft 26:
Prof. Dr. Friedrich Becker, Universität Bonn,
Ultrakurzwellen aus dem Weltraum, ein neues Forschungsgebiet der Astronomie
Dozent Dr. H. Straßl, Bonn,
Bemerkenswerte Doppelsterne und das Problem der Sternentwicklung

Heft 27:
Prof. Dr. Heinrich Behnke, Universität Münster,
Der Strukturwandel der Mathematik in der ersten Hälfte des 20. Jahrhunderts
Prof. Dr. E. Sperner, Bonn,
Eine mathematische Analyse der Luftdruckverteilungen in großen Gebieten

Heft 28:
Prof. Dr. O. Niemczyk, Aachen,
Die Problematik gebirgsmechanischer Vorgänge im Steinkohlenbergbau
Prof. Dr. W. Ahrens, Krefeld,
Die Bedeutung geologischer Forschung für die Wirtschaft, besonders in Nordrhein-Westfalen

Heft 29:
Prof. Dr. B. Rensch, Münster,
Das Problem der Residuen bei Lernleistungen
Prof. Dr. H. Fink, Köln,
Über Leberschäden bei der Bestimmung des biologischen Wertes verschiedener Eiweiße von Mikroorganismen

Heft 30:
Prof. Dr.-Ing. F. Seewald, Aachen,
Forschungen auf dem Gebiete der Aerodynamik
Prof. Dr.-Ing. K. Leist, Aachen,
Forschungen in der Gasturbinentechnik

Heft 31:
Direktor Dr. F. Mietzsch, Wuppertal,
Chemie und wirtschaftliche Bedeutung der Sulfonamide
Prof. Dr. G. Domagk, Wuppertal,
Die experimentellen Grundlagen der Chemotherapie der bakteriellen Infektionen

Heft 32:
Prof. Dr. Hans Braun, Universität Bonn,
Die Verschleppung von Pflanzenkrankheiten und -schädlingen über die Welt
Prof. Dr. Wilhelm Rudorf, Max-Planck-Institut für Züchtungsforschung, Voldagsen,
Der Beitrag von Genetik und Züchtung zur Bekämpfung von Viruskrankheiten der Nutzpflanzen

Heft 33:
Prof. Dr.-Ing. V. Aschoff, Aachen,
Probleme der elektroakustischen Einkanalübertragung
Prof. Dr.-Ing. H. Döring, Aachen,
Erzeugung und Verstärkung von Mikrowellen

Heft 34:
Geheimrat Prof. Dr. Rudolf Schenck, Aachen,
Bedingungen und Gang der Kohlenhydratsynthese im Licht
Prof. Dr. Emil Lehnartz, Universität Münster,
Die Endstufen des Stoffabbaus im Organismus

Heft 35:
Prof. Dr.-Ing. H. Schenk, Aachen,
Gegenwartsprobleme der Eisenindustrie in Deutschland
Prof. Dr.-Ing. E. Piwowarsky, Aachen,
Gelöste und ungelöste Probleme des Gießereiwesens

Geisteswissenschaften

Heft 1:
Prof. Dr. W. Richter, Bonn,
Die Bedeutung der Geisteswissenschaften für die Bildung unserer Zeit
Prof. Dr. J. Ritter, Münster,
Die aristotelische Lehre vom Ursprung und Sinn der Theorie

Heft 2:
Prof. Dr. J. Kroll, Köln,
Elysium
Prof. Dr. G. Jachmann, Köln,
Die vierte Ekloge Vergils

Heft 3:
Prof. Dr. H. E. Stier, Münster,
Die klassische Demokratie

Heft 4:
Prof. Dr. W. Caskel, Köln,
Lihjan und Lihjanisch. Sprache und Kultur eines früharabischen Königreiches

Heft 5:
Prof. Dr. Th. Ohm, Münster,
Stammesreligionen im südlichen Tanganyika-Territorium. — Religionswissenschaftliche Ergebnisse meiner Ostafrikareise 1951

Heft 6:
Prälat Prof. Dr. G. Schreiber, Münster,
Deutsche Wissenschaftspolitik von Bismarck bis zum Atomphysiker Otto Hahn

Heft 7:
Prof. Dr. W. Holtzmann, Bonn,
Das mittelalterliche Imperium und die werdenden Nationen

Heft 8:
Prof. Dr. W. Caskel, Köln,
Die Bedeutung der Beduinen in der Geschichte der Araber

Heft 9:
Prälat Prof. Dr. G. Schreiber, Münster,
Iroschottische und angelsächsische Kultureinflüsse im Mittelalter

Heft 10:
Prof. Dr. P. Rassow, Köln,
Forschungen zur Reichsidee im 16. und 17. Jahrhundert

Heft 11:
Prof. Dr. H. E. Stier, Münster,
Roms Aufstieg zur Weltherrschaft

Heft 12:
Prof. Dr. D. K. H. Rengstorf, Münster,
Zum Problem der Gleichberechtigung zwischen Mann und Frau auf dem Boden des Urchristentums
Prof. Dr. H. Conrad, Bonn,
Grundprobleme einer Reform des Familienrechts

Heft 13:
Professor Dr. Max Braubach, Bonn,
Der Weg zum 20. Juli 1944 — Ein Forschungsbericht

Heft 14:
Prof. Dr. Paul Hübinger, Münster
Das deutsch-französische Verhältnis und seine mittelalterlichen Grundlagen

Heft 15:
Prof. Dr. Franz Steinbach, Bonn,
Der geschichtliche Weg des wirtschaftenden Menschen in die soziale Freiheit und politische Verantwortung

Heft 16:
Prof. Dr. Josef Koch, Köln,
Die Ars coniecturalis des Nikolaus von Cues

Heft 17:
Dr. James B. Conant,
U.S.-Hochkommissar für Deutschland,
Staatsbürger und Wissenschaftler
Prof. Dr. D. Karl Heinrich Rengstorf, Münster,
Antike und Christentum

Heft 18:
Prof. Dr. Richard Alewyn, Köln,
Klopstocks Publikum

Heft 19:
Prof. Dr. Fritz Schalk, Köln,
Das Lächerliche in der französischen Literatur des Ancien Régime

Heft 20:
Prof. Dr. Ludwig Raiser, Bad Godesberg,
Präsident der Deutschen Forschungsgemeinschaft
Rechtsfragen der Mitbestimmung

Heft 21:
Prof. D. Martin Noth, Bonn,
Das Geschichtsverständnis der alttestamentlichen Apokalyptik
Prof. Dr.-Ing. Wilhelm Fucks, Aachen
Einige Probleme aus der Theorie des Sprechens, der Sprachen und des Sprechstils in mathematischer Behandlung

If you have any concerns about our products,
you can contact us on
ProductSafety@springernature.com

In case Publisher is established outside the EU,
the EU authorized representative is:
**Springer Nature Customer Service Center GmbH
Europaplatz 3, 69115 Heidelberg, Germany**

Printed by Libri Plureos GmbH
in Hamburg, Germany